工作生活 047A

本質思考

MIT菁英這樣找到問題根源，解決困境

本質思考 ＭＩＴ式課題設定&問題解決

平井孝志——著　吳怡文——譯

推薦序

學會本質思考，迎頭趕上這世界！

——李楓真 Jossy Lee

二〇一二年從MIT史隆管理學院畢業後，常常有人問我在MIT修過最棒的課是哪一門？

老實說，每門課都有許多收穫，但後勁最強的，應該就屬發源自MIT的熱門選修「系統動力學」（System Dynamics）了！透過一次又一次的個案研討，讓我漸漸鍛鍊出追根究底找尋根本之道的功力，慢慢習慣從整體系統的宏觀角度看事情，而不只偏重單一個點。此外，也學會不能只專注於當下，而要將時間軸拉長，看到過去和現在的決定，如何交織成充滿各種可能的未來。

我之所以說這門課後勁最強，是因為它改變了我思考問題的深度、廣度和角度，在往後的職場和生活中，一次又一次的影響我所做的分析和決定。

印象很深刻，開學第一堂課老師放了一張投影片，一位西裝筆挺但愁眉苦臉的人坐在中間，兩旁各立著一道等同身高的立牌。「同學們，這個人很可能是未來的你，身為經理人每天有好多決定要做，你通常沒有太多時間思考事情的本質，就得匆促下決定。於是你決定，把左邊的壓力推倒。碰！瞬間你覺得輕鬆多了，你以為所有的過程都是單向線性的，結果……」老師順手按了下張投影片，是剛剛那張圖的遠景，原來從經理人的左邊開始排排站，圍繞了一整圈的骨牌，最後回到右邊。剛剛推倒的那張正帶動接二連三的骨牌倒下，他悶著頭只看到眼前的壓力，草率做出的決定，雖然短暫舒緩立即的壓力，但長遠來說卻造成更大的災難，一張張倒下的骨牌最後終究會壓到自己。

這就是系統動力學的精髓，我恍然大悟「原來所有的決定都是環環相扣，相輔相成，牽一髮而動全身。不是不報，只是時候未到啊！」

很高興MIT的校友平井孝志先生，以母校的招牌課程為基礎，融合顧問業的經驗，寫成《本質思考》一書，更高興天下文化讓台灣的讀者也能學習世界一流的思考術。我最喜歡最後一章附上鍛鍊本質思考能力的六種訓練方式，真是實用，非常符合MIT的校訓——Mens et manus（拉丁文，意指腦與手），光說不練沒戲唱，要學以致用才有意義。思路，和肌肉一樣是可以鍛鍊的，今天開始改善自己思考的方式，就能改善決策的過程，進而讓被決策影響的結果更好。

過去幾年來，我有幸和國際頂尖的人才並肩合作，也輔導過許多台灣和美國的學子與新生代經理人，我深深覺得，台灣人的和善天真是難能可貴的，但我們得更努力培養深度思考的能力，這本書來得正是時候。

我們和世界還差了好大一截呢，現在就開始迎頭趕上吧！

（本文作者台大國企系畢業，在MIT史隆管理學院邊讀MBA邊創立MIT Sloan Design Club，曾任職若水創投、EF Education First美國總部。現任中文育樂品牌Chineasy新事業總監。）

推薦序

提升解決問題的能力，是最好的投資！

——鄭涵睿 Harris Cheng

還記得在MIT就學的第一週，首次接觸到系統動力學（System Dynamics）時的震撼——四百多位史隆管理學院MBA學生齊聚一堂，分成數十組進行MIT知名的「啤酒遊戲（The Beer Game）」，每一組分為消費者、零售商、經銷商、啤酒工廠四類角色，分別向上游叫貨並供貨給下游，可看見組中的所有訂單，但過程中不可交談，以整組總成本最低者獲勝。

遊戲規則雖簡單，大多數的團隊在遊戲半途卻已陷入混亂，不但累積大量存貨，臉上浮現不滿表情，也開始有人低聲抱怨。在遊戲的最後，我們認識了如何以系統動力學解讀許多大規模災難為何發生、我們自己可能就是製造系統中混亂的一部份，同時，也體悟到透過本質、全面思考的重要性。

系統動力學是一套透過模型來研究複雜系統中非線性行為的學說，除了被大量應用在解決世界人口、氣候變遷、與經濟發展的宏觀課題上，也被延伸至「新創團隊如何管理」、「如何真正獲得快樂」等題目中，不但是ＭＩＴ廣受歡迎的名課，也是許多校友在面對挑戰時的共通語言。

以我自己而言，過往的思考模式總是傾向簡單的因果關係，在修習了系統動力學之後，感受到思考廣度與深度的明顯增加，而這也是在ＭＢＡ兩年的學習中最大的收穫之一。

作者平井孝志先生說，「認真思考」或「花時間思考」並不等於本質思考，從第一章開始，這本書帶領我重新檢視「思考」這件事。很感謝他深入淺出地闡述系統動力學的重要觀念，同時輔以管理顧問實戰歷練的洞見，為讀者們解構本質思考的可能性，並且提出「本質＝結構×因果」、「妨礙你看清本質的九種慣性」，與「辛苦想出的模式是否有趣」等精闢觀點。

解決問題，一直是職場上最被重視的能力。提升團隊與自己解決問題的能力，更是最好的投資！期待有更多讀者能一起透過此書，培養運用「本質思考」來解決問題的能力。

（本文作者為台大財務金融系學士、MIT史隆管理學院MBA，曾參與天然清潔劑品牌橘子工坊初期草創工作、擔任外商銀行儲備幹部與策略發展經理。現任綠藤生機共同創辦人暨執行長）

推薦序

讓台灣有能力思考、解決沒有答案的問題

——戴偉衡 David Tai

本質思考——也就是發源於ＭＩＴ史隆管理學院的「系統動力學」的思考方法。在這本書中，作者平井孝志先生很清晰詳盡地用更簡易生動的方式，解釋了複雜的系統動力學模型、對問題核心的洞察力，以及觀照問題關聯性的分析方法，用以幫助人們真實面對問題的本質，並找出有效的解決方案。

《本質思考》中文版的發行，在今天台灣面對多層面挑戰，並仍有許多問題糾結不清的同時，具有相當深遠的意義——針對台灣政治課題、經濟戰略、產

業發展，還有內部的社會公平等議題，若能從本質思考，就可以尋思最創新、有效的正向驅動方法。

二十年前，在我申請到ＭＩＴ史隆管理學院之後，交通大學的指導教授就特別要求我必須修習這門學問，還記得前面幾堂課給我的感覺，竟是奇特的「問題簡單、分析複雜、結論精彩」！而多年下來，我常因當年課堂上所受到的影響，嘗試去扭轉許多職場、甚至人生中的挑戰；經歷過許多起伏歷練後，如今感受到這門原來建基於科學計量模型的研究方法，在思考精神上，與佛教思維其實是相通的！如同楊振寧先生曾就量子力學與佛教哲學的關聯性，提出的有趣思辨一樣——原來大千世界中，種種剪不斷、理還亂的因果循環，其實在本質上可以嘗試破除表象，以建立自我覺察與破立的關鍵。

這本書的內容，就是引導讀者以更淺顯的方式，進入系統動力學的思考，以台灣目前總體在面對問題與解決問題上的淺薄傾向，的確能夠提供一個當頭棒喝般的提示，讓我們在混沌與困頓中，過渡到一個正向的循環，而非大規模的內耗。就我個人來看，這本書實在相當值得台灣的讀者們高度重視。

《本質思考》除了組織性地提出作者本身基於企業顧問的經驗，所歸納出的本質思考的步驟與訓練，來讓讀者試著思考「如何思考」，隨之逐步發掘策略的線索，並改變看問題的角度與立場，此外更提出一個有趣的見解：建議讀者以本書所提供的思考方法，去研究沒有答案的問題！因為那些沒有答案的問題，才是最好的老師！這放在今天台灣所面臨太多看來似乎沒有答案的問題，就顯得更有張力。這本書能帶給我們的啟示，不只是去理解系統動力學本身所建構的思考模型與分析方法，反而是可能觸發我們更深沉有力的集體性個別思辨，共同為我們當前的扭轉點一起找出正確的道路。

（本文作者國立交通大學、MIT史隆管理學院畢業，曾任職台積電、DEC、康柏電腦等大型科技公司，一九九九年起從事創業投資，現任華遠匯暨華鑫資本董事長。）

自序

若不從本質思考，就無法得到能真正解決問題的答案

不能光是「思考」，而是要從「本質」思考

我目前是羅蘭貝格管理諮詢公司（Roland Berger Ltd.）合夥人，每天都和團隊伙伴一起為解決客戶的經營難題而努力。

顧問的職責就是解決複雜問題，因此，我不會對年輕的顧問說「思考一下吧！」而總是告訴他們「從本質思考吧！」否則，只會想出無法解決問題的答案。

各位進入職場五年、十年之後，已經慢慢習慣了工作，每天該做的事都能順

利完成，也能確實感受到自己的成長。通常到了這個階段，也已經看遍各式各樣的商業書籍、學到不少思考方式，並且為了在工作上獲得成果而付出了許多努力。

但是，也有很多人會在這時陷入瓶頸。雖然總是深思熟慮之後才付諸行動，但事情卻未必能像預期般順利進行，或是發現自己想出來的答案，並不是那麼管用。

儘管每個人天生的聰明才智沒有太大差異，但隨著資歷的累積，能夠拿出成果的人和無法有所成的人，差別會愈來愈明顯。可以拿出成果的人，能夠深入思考，也能做出正確的判斷和決定。

這樣的差別究竟從何而來？我認為箇中差異就在「能否從本質思考」。不從本質思考，光是憑著眼睛所見的表象，只能想出徒勞無益的答案，無法帶來任何成果。

被現象所惑而搞錯答案，MBA課程的失敗經驗談

我自己就曾多次因為未能從本質思考，而推論出錯誤的答案。接下來的例子，是我在MIT（麻省理工學院）留學時，在創新管理課中的失敗經驗。當時，我們針對彼此競爭的兩家製造商進行辯論。

製造檢驗儀器的A公司和B公司，過去在市占率上勢均力敵，產品的性能和價格也幾乎相同，但是A公司的產品收納在漂亮的盒子裡，設計得相當出色；而B公司產品則是內部構造（管線和感應器的配置）都暴露在外，質感相當粗糙。教授問我們：

「5年後，哪家公司的市占率會成長？」

大家覺得呢？乍看之下，因為A公司的產品設計得很出色，似乎是比較正確的答案（這也是我提出的答案）。

但是，正確答案卻是B公司。因為B公司的產品可以看到內部構造，採購

這個裝置的企業客戶，可以按需求自行改造，讓產品用起來更方便。而且，B公司也可以將客戶進行的改造，運用在下一次的新品開發，形成良性循環。

結果，以客戶實際使用後的改造為基礎，再次改良而成的B公司產品，對客戶來說非常容易操作，因此市占率大幅成長。相對的，A公司用美麗的設計掩蓋了產品最重要的本質，導致業績陷入束手無策的窘境。

當時答錯的我，不只無法解讀儀器製造者和企業客戶之間的「物力論」（Dynamism），更犯了最根本的錯誤：沒有發現企業客戶購買檢驗儀器的理由中，並不包含設計性這一點。也就是說，我沒有看到問題的本質，而是被設計這種眼睛看得見的表象所迷惑。

本質思考的差距，就是企業經營力的差距

企業的優勝劣敗，端看其是否能進行本質思考。就算組織有執行力，如果帶著無法解決問題的答案，往錯誤的方向前進，這執行力反而會變成阻力。

比方說，某家企業業績很差，這個時候最常用的策略就是「成本一律刪減三

〇％」，以求大幅降低成本，提高獲利。這樣的策略確實非常簡單易懂，執行起來也非常容易，只要有執行力，應該馬上就可以看到成果。

但是，這個策略是否真的有發展性？乍看之下雖然很合理，但是，若是將角度從「現在」換成「將來」，這個策略是否正確就是個疑問。

的確，現在降低成本是件好事，然而，一律減少三〇％，很可能會把將來競爭時需要的某些東西，譬如研究開發力或銷售力等，一併減掉了。再者，所謂「一律」，只是形式上的平等，不是真正的平等，從組織士氣的角度來看，也會得到反效果。

成本一律降低三〇％雖然簡單易懂，有時候還可以激發從零開始的創意，但也可能淪為只追求眼前績效，導致經營狀況更形惡化的結果。也就是說，這是個無法真正解決問題的答案。

為什麼思考之後會出現這種徒勞無益的答案呢？這是因為思考時只看到表象，沒有思考本質性的問題：「為什麼事情會變成這樣？」

愈難看清本質，就愈需要從本質思考的現代社會

所謂「本質」，指的是隱藏在問題和現象背後、造成這些問題和現象的真正原因。本質的相反就是表象，或是枝微末節。

在以前那種業績持續大幅成長、企業的競爭和組織的物力論相對簡單的時代，就算不從本質思考，也不會造成太大的問題。因為全世界一起成長這個明顯的事實，就足以掩蓋所有的問題。而且，當時的世界比現在單純，所以也比現在更容易掌握事物的本質。

但是，現在已經是無法期待巨幅成長的時代了，能否從本質思考，所造成的差距將判如天壤。隨著資訊愈來愈發達、氾濫，這個世界也變得更加複雜，反而看不清楚真正重要的是什麼。

再加上各種關鍵字不斷產生，我們常常以為自己很瞭解那些關鍵字的意義而停止思考。資訊發達，讓我們更難看清事物的本質。

一旦被各式資訊淹沒，被枝微末節或事物的表象迷惑，不管花多少時間思

考，都無法提出能真正解決問題的答案。

現今的時代，想要在思考時導出結果，並以此為根據做出決策，最重要的就是不被眼前的情報和表面事物迷惑，本書將這種思考方式稱為「本質思考」。

不只是以顧問為職的我們，幾乎對所有商業人士而言，找出能真正解決問題的答案並拿出成果，都愈來愈重要。今後，本質思考將是不可或缺的能力。

從MIT和系統動力學學到的東西

我是到MIT留學，學習「系統動力學」（System Dynamics）時，有幸接觸到本質思考的重要性與其方法。

系統動力學是MIT的招牌課程之一。它有一個特別的態度，就是只探究隱藏在事物背後的模式和物力論。亦即位於現象背後、造成現象的模式，以及這個模式經過時間醞釀出的物力論。

「究竟是什麼引起這個現象？」「隱藏在背後的模式是什麼？」「往後，這個模式會創造出什麼樣的物力論？」我透過系統動力學的課程，學會了思考這些問題的態度，以及解決它們的方法。

這種奠基於系統動力學的思考方式，就是本書的主題——本質思考。當然，這種本質思考對我現在的顧問工作，亦即問題設定或問題解決，也有相當大的幫助。

因此在本書中，我將以MIT的系統動力學理論為基礎，加上我自己的經驗，為各位讀者介紹能看穿事物表象、找出真正解方的本質思考法。

本書架構

正式介紹本質思考法之前，在CHAPTER1〈意外的，人並不會深入思考〉中，我會先說明人們平常是如何疏於思考、只思考問題的表面。請各位不妨跟著檢視看看，在這個章節中介紹的九個思考慣性中，自己有幾個。

在CHAPTER2〈何謂本質思考？〉中，我將說明「本質」這個詞彙的意義，以及本質思考的基本概念。在文章中，我也會介紹本質思考是源起於MIT的著名課程——系統動力學。

在CHAPTER3〈本質思考的步驟① 建構模式〉中，我會介紹如何展開本質思考的第一步，說明建構模式的方法和線索，教各位先找出問題——也就是眼前的現象，是由哪些因素和關係造成的。

在CHAPTER4〈本質思考的步驟② 解讀物力論〉中，將更進一步介紹如何掌握模式隨著時間流逝所產生的變化。為了避免陷入取巧的對症療法，思考時很重要的一點，就是要徹底洞悉物力論。

在CHAPTER5〈本質思考的步驟③ 尋找改變模式的策略〉中，以前述步驟探究出來的模式和物力論為基礎，介紹如何找到可徹底解決問題的策略和線索。

在CHAPTER6〈本質思考的步驟④ 採取行動，從實踐中獲得回饋〉中，將以「推廣新產品」和「業務改革」為例，說明兩個成功個案，看看個人與企業在實際使用本質思考法後的成果。

最後，在CHAPTER7〈學會本質思考的自我訓練法〉中，將介紹幾個隨時隨地都能進行的小訓練，以提高本質思考的準確度。

成為憑藉「本質思考」展現成果的商業人士！

本質思考在各種商業場合都能派上用場。具體來說，它可以發揮「知道問題所在」、「徹底了解該做些什麼」、「說服相關人士」、「得到相關人士的共鳴」、「轉化成行動」、「解決問題」等效果。

這些都是商業現場的重要課題。活用本質思考，便可毫不畏懼的面對商場上的難題，同時也比以前更能展現成果。請大家務必將本質思考靈活運用在商業上。

如果這本書可以幫助更多人從本質思考，找出能真正解決問題的答案，成為成績卓越的商業人士，我將感到莫大的喜悅。

本質思考：MIT菁英這樣找到問題根源，解決困境 目錄

CHAPTER 1

意外的，人並不會深入思考

——阻礙你看清本質的九個思考慣性

CHAPTER 2

何謂本質思考？

——從模式和物力論來思考現象

CHAPTER 3

本質思考的步驟① 建構模式

——用一張圖來表現構成要素與關係

CHAPTER 4

本質思考的步驟② 解讀物力論

——掌握模式隨著時間流逝會產生什麼變化

CHAPTER 5

本質思考的步驟③ 尋找改變模式的策略

——找到槓桿點

CHAPTER 6

本質思考的步驟④ 採取行動，從實踐中得到回饋

——實踐的重要性和兩個個案研究

CHAPTER 7

學會本質思考的自我訓練法

——每天不斷累積，就可以提高思考的速度和精確度

CHAPTER 1

意外的，人並不會深入思考

——阻礙你看清本質的九個思考慣性

ESSENTIAL
THINKING

ESSENTIAL THINKING

1-1

為什麼思考之後，還是會出現解決不了問題的爛答案？

「認真思考」或「花時間思考」並不等於本質思考

每個人都認為自己有在思考，大概沒有人會覺得自己什麼都沒在想。但是，若問「是否從本質思考？」有多少人可以自信滿滿地給予肯定的答覆？

若有人給了肯定的答覆，不妨進一步問他：「那麼，你如何思考呢？」如果他的答案是「我很認真的在想」、「我花了很多時間、很仔細的思考」，就代表他根本不知道什麼是本質思考。思考時要認真，本來就是理所當然，在此姑且不談，即使花了很多時間，也和本質思考無關。那麼，本質思考究竟是怎麼一回事呢？本書就是要跟各位深入討論這件事。

在此之前，我希望各位讀者先了解，很多人不會從本質思考，只進行表面的思考。而且不管是任何人，都有從思考慣性衍生的偏見，這些偏見將阻礙從本質思考。

阻礙本質思考的九個慣性

過去至今，我從擔任顧問和在企業任職的經驗中，看到許多人雖然拚了命的思考，仍無法推論出有助解決問題的答案。這些人明明很聰明，卻受限於思考慣性，不知不覺中放棄了從本質開始思考，推衍出的答案解決不了問題，以致無法在工作上展現成果。

為了從本質思考，首先要認識思考的慣性，然後了解自己容易陷入哪一種慣性中。

根據我長年的觀察，思考慣性可大致分為九種（**圖表1-1**）。各位有什麼樣的慣性呢？了解自己、找出自己的慣性，就是本質思考的第一步。以下我將詳細說明每一種慣性。

圖表1-1｜「思考慣性」的分類

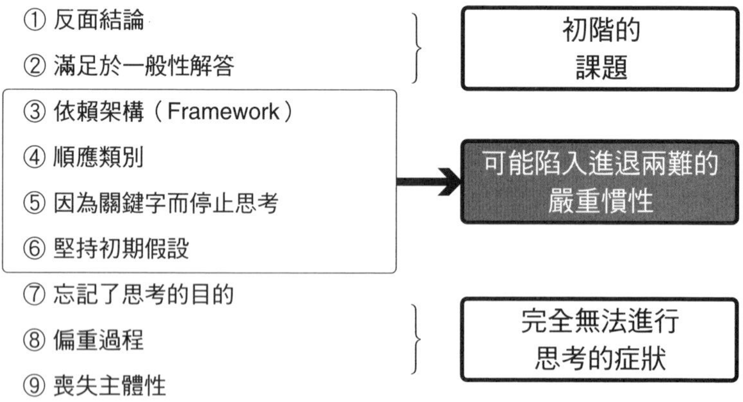

ESSENTIAL THINKING

1-2 初階的思考慣性

思考的慣性① 反面結論

這種慣性指的是，對於隱藏在現象背後的本質毫不關心，直接將現象的反面當作答案。這種反面結論的慣性雖然很單純，卻非常普遍、常見，屬於初階的思考慣性。

「累了」↓「休息」

「A產品賣不出去」↓「想辦法，非賣不可！」

用這麼粗率直觀的方式思考，很可能就是犯了反面結論的慣性。

累了就需要休息，但這只是暫時性的對症療法，休息過後，同樣的情形仍可能不斷重複。疲倦的原因很多，比如可能是失去了將來的目標；也有可能是因為罹患了肝病，若是如此，需要的就是治療而非休息。

再舉另一個例子。A產品的銷售量衰退，或許是因為市場已臻成熟，在這個階段，比起營業額，企業更應該重視的是利潤；也可能是因為現在A產品已經不符市場所需，企業應該採取的對策是開發新產品；甚至，也可能是A產品有瑕疵，如果考慮到日後企業必須善盡的售後服務，現在賣得不好，之後的負擔可能還比較小呢！

單純將現象的反面當作答案，只會掩蓋潛藏在現象背後的本質，這樣絕對無法真正解決問題。

思考的慣性② 滿足於一般性解答

第2種思考慣性，是在工作上或生活中，針對必須解決的問題所提出的答案，只停留在一般性解答。就某種程度來說，它也算是以現象反面為結論的慣性之一。

比方說，或許可以在滿足於一般解答的慣性中，找到無法成功減肥的部份原因。

「發胖了」→「少吃」、「多動」

如果是這種適用於任何人的一般性答案，就算下定決心、動機十足，想要好好努力，最後往往還是落得無法採取具體行動，或是無法持之以恆的下場。

如果無法順利減肥的事實背後，隱藏著一個不願面對現實的自己，比起適用於任何人的「少吃」和「多動」，採用針對個別情形設想的具體方法，在門口放個體重計，每天早晚、上班前或回家時量一次，將體重視覺化，可能還比較有效。如果每天都能提醒自己，以現在的體重，將來很可能會罹患疾病，就更可能有具體行動的動力了。

再提供一個具體的對策。一個蛋糕熱量四百大卡，相當於五十公克的脂肪，如果可以將「消耗一個蛋糕的熱量，必須步行一個小時」的算式輸入腦海裡，再怎麼嘴饞的人，可能都吃不下了。

在商場競爭的領域中，很多人只是找到符合所有狀況的一般性解答，就以為找到了真正的答案而停止思考，導致事情不再有進展。因為一般性解答不是具體對策，就算想前進也沒有辦法。

各位讀者製作的企畫書和事業計畫中，應該都充滿這種思考慣性。想確認是否如此，方法非常簡單。

請試著檢視自己製作的企畫書或事業計畫，並將資料中的主詞換成別人或別家公司，如果讀起來沒有發現任何不對勁的地方，就表示這些企劃是適合所有企業的一般性內容，肯定很淺薄、無趣，又理所當然。

在每一天的商業活動中，若想解決問題、拿出成果，一定得從本質開始思考，才能針對各種複雜的狀況歸納出具體的答案。

1-3 進退兩難的思考慣性

以下要介紹的思考慣性，則是努力學習思考法、廣泛閱讀商業書籍的人，最容易掉入的陷阱。

之所以說「進退兩難」，主要是因為愈是想透過這些努力來提升思考力，思考反而可能變得愈加淺薄。

思考的慣性③　依賴架構（Framework）

陷入這種慣性的下場就是，一旦依循著某種架構來整理資訊，一切都完了。

使用制式架構來整理資訊的過程，總會讓人誤以為自己已經思考過，而且也理解了所有的狀況，於是便會停止思考。

就拿商業上經常使用的SWOT分析來說，利用這種以S（Strength：優勢）和W（Weakness：弱點）、O（Opportunity：機會）和T（Threat：威脅）為軸，構成的2×2矩陣來整理資訊，的確非常有效。但是，光是整理資訊，對於解決問題並沒有太大的意義。

這個分析架構只是輔助思考的工具，而非自動引導出答案的機器。透過這個架構來思索「所以呢？（So what？）」「為什麼會如此？（Why so？）」對本質思考是非常重要的。

如果想要有意義地運用SWOT分析，至少要將優勢與弱點（SW）這兩種內部的特徵，和機會與威脅（OT）這兩種外部環境交叉分析，推論出四種策略。也就是說，光是以SWOT來呈現目前瞬間的狀態是不夠的，還必須理解這個架構分析出的過去因果，或者將來會衍生出怎麼樣的物力論。**（圖表1-2）**

人們在學到新的架構時，很自然的都會想要使用看看，這並不是件壞事。而且利用架構，可以快速整理凌亂的資訊，並確實統整出資料的格式。

但是，這個慣性的可怕之處，就在於過程中會讓人感受到一股成就感，明明只是整理了資訊，卻以為好像真的思考了什麼、已經得到了結論一般。

原本應該有利於本質思考的架構，不但會讓人停止思考，而且還離「從本質思考」愈來愈遠。

思考的慣性④　順應類別

「順應類別」指的是將事物進行分類後，就以為自己已經思考、已

圖表1-2｜SWOT的本質性意義

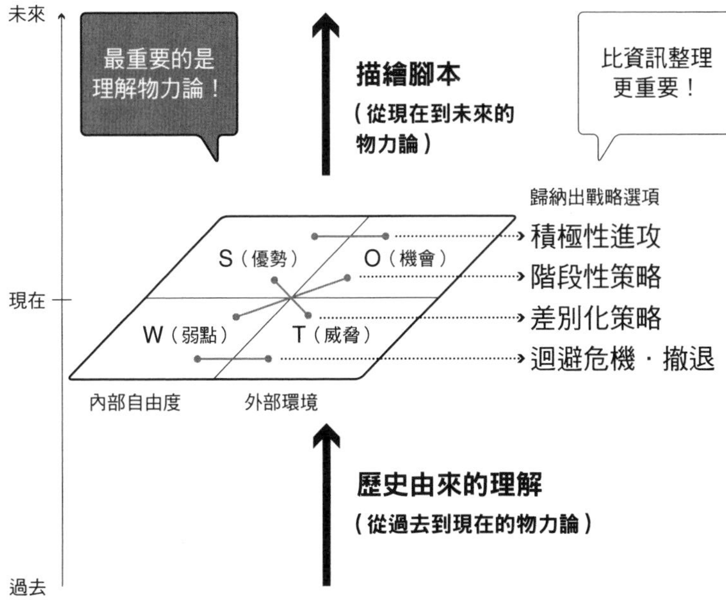

經了解的慣性。這種慣性在日常生活中也十分常見，就好比下面這兩個例子：

「他好喜歡講道理喔～」→「因為他是念理科的啊！」

「那個人氣質好好喔～」→「因為他是〇〇大學畢業的！」

上述對話就是順應類別的典型例子，做法就是在某個固定的類別中，找尋某種理由。在上述例子中，所謂的類別就是「理科」和「〇〇大學」。

但仔細一想，就算唸的是理科，也是有人不那麼愛講道理，唸文科的，也有愛講道理的人；〇〇大學也有庸俗、土氣之人，△△大學也有氣質優雅的學生。在商業的世界，也經常可見順應類別的慣性。

「A公司的業績似乎很差。」→「沒辦法啊！因為A公司經營的是組裝產業。」

「B公司好像無法招募到好的人才。」→「因為B公司是中小企業啊！」

就算是組裝產業也有賺錢的公司，而能夠招募到優秀人才的中小企業也很多。亦即感覺上是如此，事實上並不見得。

順應類別這種慣性的最大問題，就是我們總是會很自然的從聽到的事情中，尋找邏輯根據，而不是用自己的大腦來思考。

光是把事物區分成不同的類別，絕對稱不上是具邏輯性的說明，因為分類的動作，沒有辦法直接解答「為什麼會變成這樣？」

思考的慣性⑤　因為關鍵字而停止思考

隨意使用漂亮的關鍵字，而沒有深入思考它真正的意義，是非常危險的。因為這個時候，經常會以為自己已經懂了而停止思考。

例如，用一句提高「差異化」或「競爭優勢」、「價值提供」、「客戶滿意度」……來做談話的結論，根本無法具體看出後續該做些什麼。

當人們說出「核心競爭力」或「BPR（業務流程重組）」、「CRM（客戶關係管理）」非常重要的瞬間，思考就在抽象層次停住了。

輕率的使用關鍵字，就會自以為已經懂了，但事實上是陷入一種什麼都不懂的狀態。

就拿曾經流行一時的「藍海策略」為例，對現有市場的過度競爭感到疲憊的企業，聽到這個字眼都像找到了救星。不過，光是「尋找藍海」這句話，並無法具體認識到底要在哪裡、找些什麼？

我認為，藍海策略中講到一件很正確的事，那就是「要找出對客戶來說的新價值」。藍海策略的根本意涵，是要很有毅力、具體的思考出那個新附加價值是什麼，絕不是簡單一句話就可以說清楚的。

但我並非全盤否定使用關鍵字這件事。

具體而仔細地思考後自行歸納出的關鍵字，才是有意義的。在這種狀況下，比起關鍵字本身，思考、歸納的過程，包括所花費的時間、努力，更具意義。

如果這個思考過程是整個組織一起進行，歸納出來的關鍵字便是組織的共識和基礎，意義更為重大。

思考的慣性⑥　堅持初期假設

「堅持初期假設」是剛學會假設思考的人，很容易陷入的慣性，屬於一種比較有門檻的慣性。或許也可以說，這是逐漸習慣有效率、有效果的思考法的人，最容易掉入的陷阱。

「假設」本應配合新的資訊和發現，不斷進化。但是，陷入這個慣性的人，很難跳脫已設定好的假設，並且會封閉讓假設更進化的道路，導致思考就停留在剛剛可以看見的一小部份本質，而看不到本質的整體樣貌。

這種慣性的典型症狀，是在討論過程中經常使用「可是……」、「不過……」、「但是……」等，這表示說話的人封閉在自己建立的假設中。

例如，你建立了以下的假設：「生產時良率很高，不良品很少，就可以提高自家公司的成本競爭力，獲取較高的獲利率。」

這時，可能有人提出不一樣的看法，例如：「國外其他製造公司，雖然製造時良率很低，但他們也有成本競爭力，所以獲利率很高。」你最好不要馬上就想新的理由來反駁對方，例如：「可是，國外製造公司的人事費用比較低，規模經濟也會產生效果……」等等。

我希望你可以吸收對方的論點，用來拓展、深化自己的思考。比方說「較高的良率，是否對成本影響不大？」或者「自家公司和其他公司對良率的定義，是否相同？」在思考中納入對方的論點，對檢驗自己的假設很有幫助。

說不定，國外的製造公司是把以一般標準來說，可能被歸類到不良品的產品，當作副牌，賣到新興國家去。所以表面上良率看似不高，但因稍有瑕疵的不良品還是可以販售、換取金錢，還是能創造高獲利率。

圖表 1-3｜生產良率雖低，但獲利率很高？

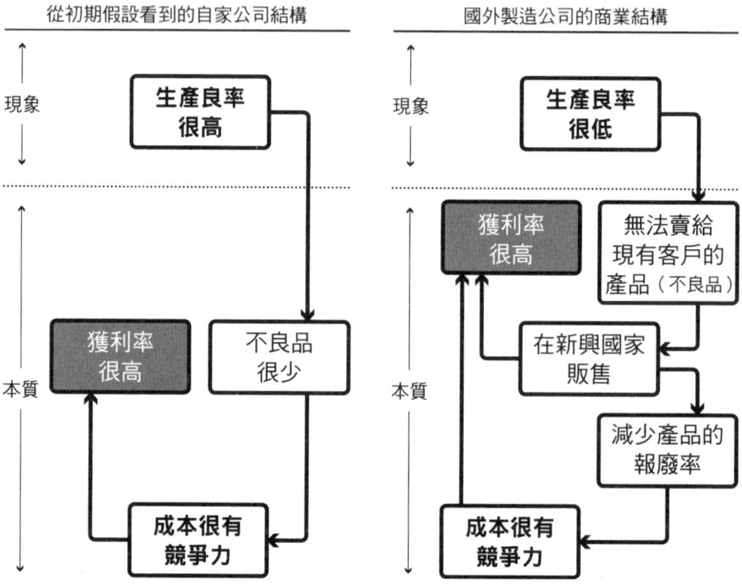

這麼一來，你的公司該做的，就不是提高生產良率，而是重新思考業務開拓的範圍和策略了。

如果可以不受限於初期假設，採納新的思考和發現，便更有機會歸納出可以真正解決問題的答案。（**圖表1-3**）

P&G的失敗經驗

有時候，大企業也會因為堅持初期假設的慣性而慘敗，比如P&G的一次失敗經驗。

數十年前，P&G在日本推出一款洗衣粉「全溫度Cheer」。他們舉辦了大規模的宣傳活動，當時還是個孩子的我，直到現在都還記得那部廣告片。

商品的賣點一如它的名稱，不管是熱水、溫水，或是常溫水，任何一種溫度（亦即「全溫度」）的水，都可以去除衣服上的污垢。

對小孩來說，這部廣告片非常不可思議。因為，在我家用常溫水洗衣服，是一件很普通的事（現在各位家裡應該也是如此吧），我不知道以「全溫度」為賣點有什麼意義，而且，我也不知道為什麼要特地用熱水洗衣服。

但事實上，這款商品在美國非常暢銷。美國因為水質的關係，常溫水無法去除污垢，一般都用熱水洗衣服，所以這款商品訴求常溫水也可以把衣服洗滌乾淨，的確非常方便。不過，在普遍都以常溫水洗衣服的日本，這項賣點就不管用了，想當然爾，結果當然是慘不忍睹。

就算是以優異行銷手法聞名的P&G，也曾經歷過這樣的挫敗，這就是因為他們太堅持在美國的成功模式（＝初期假設）了。

ESSENTIAL THINKING

1-4

停在思考入口外面的思考慣性

思考的慣性⑦　忘記了思考的目的

慣性⑦~⑨都屬於在思考入口前停滯不前。有這些慣性的人，很多時候都沒有察覺自己其實沒有在思考。

首先，第七個慣性是「忘記了思考的目的」，也可說是一味地埋首努力，所以看不到原有目的。

比方說，進行資訊的蒐集和整理時，不知不覺讓這件事本身變成目的，而忘了為什麼要蒐集資訊。也就是說，變成為了蒐集資訊而蒐集資訊，把思考這件事拋諸腦後。這麼一來，就會一直停留在事物的表層。

有時則是埋頭分析，陷入為了分析而分析的狀態，忘了原本是為了配合什麼論點而進行分析，製作了許多前後矛盾的資料。在菜鳥顧問身上，經常可以看到這樣的狀況。

不只是製作資料的時候，偶爾也會看到忘記了對話目的的人。在漫長的討論過程中，他們通常話說到一半，就忘記原本要告訴對方什麼。也就是說，想傳達的訊息不是很清楚，讓狀況變得非常尷尬。

不管是製作資料還是跟人對話，有這種慣性的人經常會被問：「你到底想說什麼？」忘記了原先的目的，結果就是只運作到手和嘴巴，而非大腦。

思考的慣性⑧　偏重過程

第八個慣性是將「繞著過程轉」誤以為是在思考。以下對話就是典型的例子。

當上司問你「客戶真正的需求是什麼？」，若你回答「關於客戶的需求，只要做客戶問卷就知道了。」或「我希望在下次討論時就可以跟大家說明了。」這就是「偏重過程」的慣性。

或者，在討論業務進度時，上司問你「那件新開發案進行得如何了？」，你回答「我打算下個禮拜再次拜訪客戶，對提案內容做更詳細的說明。」當然也是不行的。

這些回答之所以無法過關，原因在於只說明作業過程，對於真正應該回答的問題，完全沒有提出任何解答。也就是說毫無內容可言。這種人使用大腦的方式不是思考，而是偏重過程。

說不定潛意識中還誤以為，只要在過程中努力，答案就會自動出現了。然而事實上，絕對不可能發生這種狀況。

其實，只要仔細思考，答案的內容就會大不同。

以新開發案來說，如果你的回答是「價格方面還需要討論，我想如果稍微打個折扣，應該就可以拿下這個案子。」應該就能讓上司安心，因為這個回答當中，不單只有作業過程，還有具體的策略內容。

至於客戶需求的問題，其實上司更希望聽到的回答是「客戶的真正需求，與其說是我們回應的內容，倒不如說是回應的速度，這一點如果做個問卷，應該就能從調查結果中看出來。」答案中潛藏著經過自己大腦思考出的假設。

光是談論過程，完成作業，不但不可能導出任何有助解決問題的答案，也不會帶來任何成果。重要的是必須保持用大腦思考的態度。

思考的慣性⑨ 喪失主體性

犯了這種慣性的人，與其說是用自己的大腦思考，倒不如說是不知不覺間，依賴別人的大腦在思考。

他們通常會有這些口頭禪：「所謂……就是這樣吧？」「這樣的話……是這個意思嗎？」「說得也是～」

因為沒有徹底思考，所以對自己的主張沒有自信，對於他人（特別是主管）說的話，會以上述幾種口頭禪回應。

例如，當你說：「A產品賣不出去的原因，我想是因為客人已經覺得膩了……」而主管卻說：「不，不是這樣。應該是競爭對手B產品瓜分了我們的市場。」如果你又回答：「啊～這樣的話，另一家公司的C產品說不定賣得很好。」就表示你已經將自己的想法拋諸腦後，沒有以自己為主體在思考，而是完全把問題丟給對方。

如果對話進一步變得像對口相聲一樣一唱一和，那真的是讓人感到絕望了。

對方：「我們的工作方式可能必須大幅改變。」

你：「說得也是，現在的做法似乎不太有效率……」

對方：「但公司高層的方針不太妥當，也是事實。」

你：「說得也是，果然是高層的問題……」

稍微留心就會發現，這樣的對話內容到處都可以聽得到。

ESSENTIAL THINKING

1-5 找出自己的思考慣性，養成從本質思考的習慣

拿著鐵鎚，就會把所有東西都看成釘子

到此為止，已經為大家介紹了九種不管是誰都很容易陷入的思考慣性。

「反面結論」和「滿足於一般解答」，是初階的課題；而最後三種「忘記思考的目的」、「偏重過程」、「喪失主體性」，就像之前講的，屬於站在思考入口之外的症狀。

最麻煩的是以下這四種：「依賴架構」、「順應類別」、「因為關鍵字而停止思考」、「堅持初期假設」。

一如前述，這四種是開始學習思考方法或經營學架構的人，最容易陷入的慣性。它們都具有「愈是努力學習，就陷得愈深」的特質。

比方說學了邏輯思考，不管碰到什麼，都會想要分析看看。學了SWOT分析，不管遇到什麼問題，都會想先找出SWOT；或者，學會2×2矩陣，就忍不住想用2×2矩陣來整理所有的訊息。這些的確都是很有力的工具，但是如果因此而停止思考，那就本末倒置了。就好像手上剛好拿著鐵鎚，就把所有的東西都看成釘子，但問題絕對不是把釘子打下去就可以結束的。

我在面試想做顧問的年輕人時，通常會跟他們進行個案討論。如果對方說「如果要提升營業額，應該從『增加數量』和『提高單價』兩個方向來思考。關於數量……」我就知道這個人一定剛開始使用邏輯思考的鐵鎚。老實說，我會有點失望，因為無法期待他的思考可以繼續擴展，總覺得對方只想用「How To」來解決問題。

思考法和分析架構畢竟都只是工具。工具是讓我們拿來「使用」的東西，而不該是我們「被」工具使用。更何況，只是將資訊套用在這些工具上，並不代表你就是從本質思考了。

首先，要找出自己的慣性

根據我的經驗，幾乎所有人都有三到四種思考慣性。為了從本質思考，引導出可以真正解決問題的答案，首先，要先找出自己的思考慣性，並且加以修正，避免流於表象的思考。

如果覺得現在思考的事是「問題的反面」，就要努力尋找其他答案；如果發現自己太依賴關鍵字，就要試著在說明事物時不要使用關鍵字；一旦發現自己滿足於以架構來整理資訊，就要試著拋開架構，改從其他角度來思考，並且試著打造適合自己的新架構；如果發現自己的思考無法從初期假設再進化，就要想想反證，試著自行否定初期假設。這些行動在打破思考慣性時，效果都很不錯。

具體改變行動，可以有效克服慣性。人是意志薄弱的動物，與其藉著改變意識來改變行動，透過改變行動來改變意識，可能還比較簡單。

CHAPTER 2

何謂本質思考？

—— 從模式和物力論來思考現象

ESSENTIAL
THINKING

ESSENTIAL THINKING

2-1 為什麼會想出無法解決問題的答案？

以現象為基礎的思考，會導致失敗

這一章將概略介紹「從本質思考的方法（＝本質思考）」。在〈前言〉中我已稍微提到，想要拿出成果、引導出有助解決問題的答案，很重要的就是要從本質進行思考。

在資訊氾濫的當今社會，如果無法不被現象迷惑，將注意力放在事物的本質，思考「現象背後發生了什麼事？」「為何會變成這樣？」就會被資訊左右，或者只能歸納出等同「現象反面」的沒用答案。

在急於採取行動之前，往後退一步，仔細觀察事物的本質，最後應該會得到比較有效果、有效率的答案。

不過，從本質思考所有事物說起來簡單，做起來並沒有那麼容易。我自己就曾因為疏於從本質思考，而經歷許多失敗。在此，我就姑且厚著臉皮，說說發生在我身上幾個微不足道的例子。

約會時讓女友生氣的原因是什麼？

忙碌的工作告一段落，好不容易有時間和許久不見的女友，悠閒地在假日約會。我們依照時間在約定的地方碰面後，女友問我：「今天要做什麼呢？」

「去看電影吧！看哪部片好呢？」因為女友之前曾說想看電影，所以我很自然地就這樣回答，卻發現她變得不太高興。

「為什麼今天非去看電影不可呢？難得晴朗的週六白天，我還想去遊樂園呢！」

為什麼事情會變成這樣呢？原因就在於，我只是很單純地想到女友之前講過的話，才做出這個回應。事實上，她確實說過想去看電影，只是那時是週間的晚上。女友認為，週間晚上能約會的時間很有限，如果想有意義地度過，看電影是個不錯的選擇。

但是，現在是假日的白天，條件和週間晚上完全不同，女友的思考結構當然也會有所改變。

在週間晚上的有限時間裡，大家很容易會想如何利用時間比較有效率，但是假日的白天，時間充裕許多，女友當然想做些「週間晚上做不到、只有假日白天才能做到」的事。也就是說，思考的出發點截然不同。

如果我能徹底看清問題的本質，應該就能回應她：「今天是晴朗的假日，妳想做什麼呢？」並且知道該詢問What（什麼？），而非Which（哪部電影？）

（圖表2-1）

無法從本質思考而慘遭敗北的夏普

在上述失敗經驗中，我其實是有思考過的，然而再怎麼仔細地以事實根據為基礎來思考「女友想做什麼事？」還是歸納出了無法解決問題的錯誤答案。

可見，問題並不在於「沒有思考」。這樣的失敗並不限於個人，有的時候，企業也會因為看錯本質而導致失敗。

各位在工作時，是否曾質疑過公司的方針「是不是有什麼地方弄錯了」呢？雖然公司的方針都是那些

圖表2-1｜今天要做什麼？

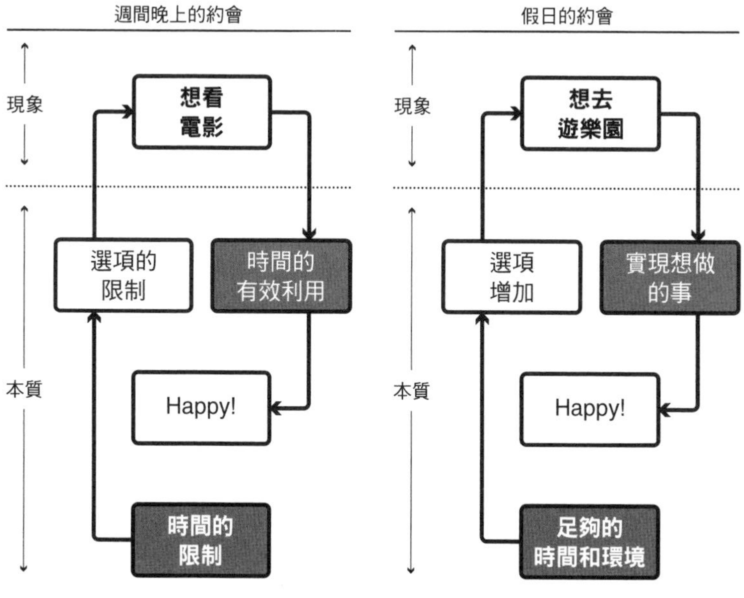

聰明人深思熟慮後才制定的，但還是可能讓人感覺哪邊怪怪的……

比方說，夏普的液晶電視事業，在某段時期就出了這樣的差錯。當時的夏普，把在技術最進步的龜山工廠製作的液晶電視品牌化，強打「龜山款」。這就是一個看錯本質、對公司發展完全沒有幫助的策略。

因為，液晶電視這種數位產品和類比產品不同，不但很容易被其他公司模仿，也很難在性能上塑造差異。事實上，誠如眾人所知，在液晶電視業界，韓國企業急起直追，推出同樣的產品，成功席捲全世界。

而且，顧客期待的是具備高解析度和大畫面的電視，品牌並不是最重要的。就某種意義來說，液晶電視是一種很難將產品本身品牌化的事業。想要藉著推出品牌，打造長期性的競爭優勢是非常困難的，但夏普卻大張旗鼓地推出「龜山款」。

同樣是電視，過去的確有因為品牌化而大獲成功的例子，那是索尼的映像管電視。如果夏普有意識到這一點，就會知道自己用錯策略了。因為商業的本質，以前和現在有著非連續性的差異。

過去，電視是很難仿造、很容易就能創造出功能差異的類比產品，而且韓國企業的競爭力也不是太強。再加上以市場環境來說，過去正值市場不斷擴張的高度經濟成長期，顧客只想要好的東西，打造品牌就本質上來說是有效的。

但是，現在的競爭與市場結構，和以往有相當大的差異，因此夏普應該從其他面向尋找策略。這個例子也有可能是液晶電視瘋狂暢銷的現象，掩蓋了夏普事業的本質所致。

ESSENTIAL THINKING

2-2

從「模式」和「物力論」掌握事物的本質

本書對「本質」的定義

到目前為止，我還沒有解釋「本質」這個詞彙的意思，在此，我們就來重新定義一下「本質」指的究竟是什麼吧！

何謂「本質」？這真的是一個很難的問題。若以電子字典查詢這個字，會出現如下的說明：

「事物原有的特性和模樣。一旦有所欠缺，事物就無法成立的特質、要素。」

所謂本質，就是某件事物成立時，一定要具備的重要東西。不過，光這樣解釋還是很模糊，腦海裡依舊沒什麼概念。

我具體了解「何謂本質」，是在MIT求學，接觸到系統動力學的時候。在系統動力學中，將事物的本質解釋成潛藏在現象背後的「結構（模式）」和「因果（物力論）」。（圖表2-2）

所謂模式，是**打造出那個現象的結構，亦即構成要素之間的相互關係**。比方說，買參考書給孩子後，孩子的成績進步了。這個時候，千萬不能很簡單的想成：

圖表2-2｜「本質」＝「構造（模式）」×「因果（物力論）」

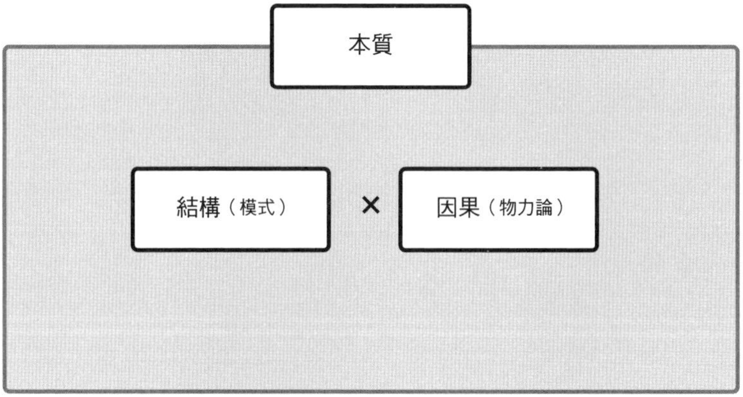

「買參考書」↓「成績進步」

造成成績進步現象的原因是：

「買參考書」↓「孩子（利用那些參考書）讀書」↓「成績進步」

如果能夠了解這個模式，就會知道即使不買參考書，只要可以利用其他方法讓孩子讀書，成績也會進步。

而所謂物力論，指的是**長時間來看，模式所形成的現象會出現什麼樣的結果和動態，也就是會呈現什麼樣的圖形**。比方說，有一個模式是如果一天讀書的時間增加一小時，成績就會提高一個單位。遵循這個單純的模式，將讀書時間增加為兩小時，成績就可以提高二個單位。

但是，若讀書時間變成十個小時，情況會如何呢？成績或許一時之間會上升，但絕對無法長期持續。搞不好還會變得討厭讀書，甚至精神衰弱，成績下滑。像這樣以較長的時間軸，觀察模式各要素的動態因果關係，就是物力論。

每一個現象背後，一定存在著造成這個現象的模式和物力論，現象是這個模式和物力論的**結果**，呈現在我們眼前。

掌握「本質」後，從本質思考的意義就更清楚了。那就是在潛藏於現象背後的模式和物力論中盡情想像、思考。

ESSENTIAL THINKING

2-3 MIT史隆管理學院與系統動力學

全球研究經營學的至高殿堂——MIT史隆管理學院

在此，我想稍微介紹一下MIT史隆管理學院。

MIT是位於美國東岸麻薩諸塞州的理工科大學，校園在波士頓市對岸的劍橋市，查爾斯河（Charles River）流經其中。

史隆管理學院是MIT中專事研究與教授經營學的機構。當然，也開設MBA課程，許多優秀的商業界領袖都出身於此。

由於隸屬於理工科大學的背景，史隆管理學院著名的特點之一，就是以工業工程（技術管理、生產管理和作業研究等）為出發點，有許多和數字密切相關的科目。

大約二十年前，我在史隆管理學院唸了兩年的MBA，也就是在那個時候，我認識了系統動力學。

系統動力學的歷史和特徵

系統動力學的歷史相當悠久，最早可回溯至一九五〇年，起源於MIT佛瑞斯特教授（Jay Wright Forrester）創造的電腦模擬（Computer Simulations）。這個發想就是以一貫不懈的態度，將所有現象當作系統，好掌握事物的整體面貌。

系統動力學最具革命性的報告，便是羅馬俱樂部（The Club of Rome，全球性的智囊團）出版的《成長的極限（*Limits to Growth*）》（一九七二年）。這份講述人類危機的報告指出，持續增加的人口、枯竭的天然資源、遭到破壞的環境等課題，未來可能會造成地球毀滅。此外，對於「在資源有限的地球上，人類為了繼續生存，必須做些什麼？」也有所著墨。

這份報告尋找答案時，就是使用系統動力學理論，模擬人類社會，在電腦中創造出名為「世界模式」的模型，然後對人類敲響警鐘。

報告的主要主張是「從成長到均衡」。當時，日本、歐美等先進國家正值高度成長期，每個人都認為未來是富裕光明的。在這種情況下，「從成長到均衡」這個訊息彷彿是個笑話，然而這個主張預見了人類所面臨的問題，即使到了今天，依舊沒有過時。它在距今四十年前就看透了「地球資源是有限的」這個本質。

系統動力學透過在電腦中創造的「世界模式」，解讀人類社會的「模式」和「物力論」，成功引導出本質性的答案。

要掌握全體，不還原要素

系統動力學還有革新的意義。它的立場不是「分解」，而是「綜觀全體」，這和過去的科學性方法論「還原論」（Reductionism）的角度是對立的。

還原論的基本主張，是分解複雜的事物，將之一一拆解成構成的要素，如果可以理解每一個要素，就可以理解整體。這是科學的基本方法。

比方說，在物理的世界，將分子分解成原子，將原子分解成原子核和電子，最後，再分解成這一切的構成要素原粒子，藉由這個過程來理解整個宇宙。這個方法的威力雖然非常驚人，但也有它的問題。

舉一個簡單的例子。就拿蘋果來說，何謂蘋果？我們可以這樣說明：蘋果的重量大約三百公克，熱量是一百五十大卡，醣份大約四十公克，主要的成份是水，大約占八十五%，碳水化合物大約占十五%，蛋白質〇・二……。這就是還原論的方法。

但是，像這樣一一分解下來，蘋果就不再是蘋果，蘋果的本質將會消失不見。將蘋果拆解成各種元素之後，蘋果是一種植物和水果的本質，也將消失無蹤。如果真的想了解蘋果，很重要的一點是要把蘋果當作蘋果來看待，而不只是分解它的構成元素而已。

同樣的道理也適用於商業的世界。比方說，想要理解組織的時候，將組織分解成人才的技術、組織圖、指揮命令系統、批示流程等，然後再針對各項進行分析，就某種程度來說，的確有助於理解這個組織。

不過，即使如此還是有很多地方無法釐清。比方說，如果想瞭解豐田汽車的改善策略，將之拆解後再理解的方法就會有侷限。把重點放在組織各要素的關聯性和物力論，同時，將組織視為一個整體所掌握到的觀點也非常重要。

這就是系統動力學強調的概念。

2-4 再複雜的事物，只要能掌握模式和物力論，便可瞭解其本質

高獲利的買賣，更要特別注意

如果把模式和物力論當成黑盒子，一直避而不談，或者被眼前的現象所迷惑，那麼不管投入再多的時間和勞力等資源（＝輸入）去思考，都無法得到好的結果（＝輸出）。這樣思考出來的決策，乍看之下很合理，事實上卻總會陷入無法展現成果的窘境。

系統動力學就是要打開模式和物力論的黑盒子，讓它們在光線的照射下無可遁形。

舉個我們身邊的例子來說。投資高獲利買賣，幾乎可說是個徒勞無功的行為，因為只要仔細思考其模式和物力論，就會知道高獲利的買賣根本不可能成立。

如果真是這麼好賺的生意，根本不用告訴任何人，自己一個人偷偷做、變成超級有錢人就好了，為什麼要強迫推銷給別人呢？高獲利買賣的模式本身就是個疑問。

先退五十步，假設是因為自己沒有錢，所以要向別人尋求金援。但是，如果真的那麼好賺，錢應該會不求自來，甚至多到讓人煩惱才對，哪裡還需要特地來招攬投資呢？

到這邊，我們已經發現了矛盾之處──無法用模式來說明，知道這樁高獲利買賣的人為什麼會沒有錢。

如果再退一百步，假設那個賺錢的模式千真萬確，這個時候，便會出現新的疑問：錢到底是從哪裡賺來的？除非挖到新的資源，這世上大部份的生意都是零和遊戲。如果以物力論來思考，知道這種好事的人變多，每個人能賺的錢就會減少，在不久的將來一定會破產。

只要從模式和物力論來思考事情，就可以清楚了解，保證賺錢的高獲利買賣根本就不存在。如果被這種事情騙了，別說「輸入」會創造「輸出」了，甚至可能變成零或負數。因此，絕對不能讓模式和物力論維持黑盒子的狀態，避而不談。

反過來說，愈是複雜的東西，就愈該用模式和物力論來簡單思考。因為複雜東西的構成元素比較多，就算要拆解，也會因為構成元素的數量太多而不知道該如何下手。

圖表2-3｜輸入和輸出之間的「本質」

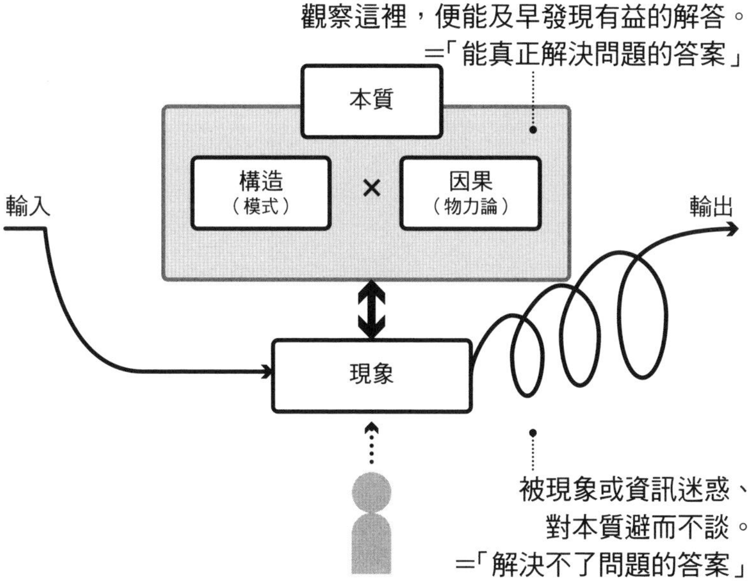

輸入和輸出之間的本質

請看看圖表2-3。在輸入↓輸出之間的黑盒子，才是事物的本質。只要能掌握到黑盒子裡的模式和物力論，就可以找到能真正解決問題的答案。關於模式和物力論，就請大家先在腦中想像，詳細說明將從CHAPTER 3開始。

ESSENTIAL THINKING

2-5 何謂模式？

刪除枝微末節的簡單概念圖

所謂模式，指的是一張刪除多餘枝微末節的抽象圖。探究、建構一件事情的模式，就是想像簡單概念圖的右腦運作。

在系統動力學中，將模式稱為「因果循環圖」或「因果連鎖圖」，以圓形或方形來呈現構成要素，再用箭頭連接起來，表明彼此之間的關係。在本書中，就簡單稱之為模式，但會承襲系統動力學的方法，以圓形或箭頭來表示。

在此，就以企業間的競爭為例（**圖表2-4**）。A公司為了提高自家營業額而增加了廣告宣傳費，但是，受到A公司影響而造成營業額減少的B公司，也會增加廣告宣傳費，以期提升營業額。這麼一來，A公司又……，就這樣形成循環，讓競爭變得越來越激烈。結果，不管是哪一家企業都因為害怕營業額下滑而不敢刪減廣告費，形成廣告大戰的模式。

在這種狀況下，廣告的內容和方法就變成枝微末節。只要不改變這種模式，就會陷入無止境的循環，最後搞得筋疲力竭。同樣的模式也適用於縮短新產品開發週期、擴充銷售據點，以及折扣戰等，這些都

圖表2-4｜A公司和B公司的廣告大戰模式

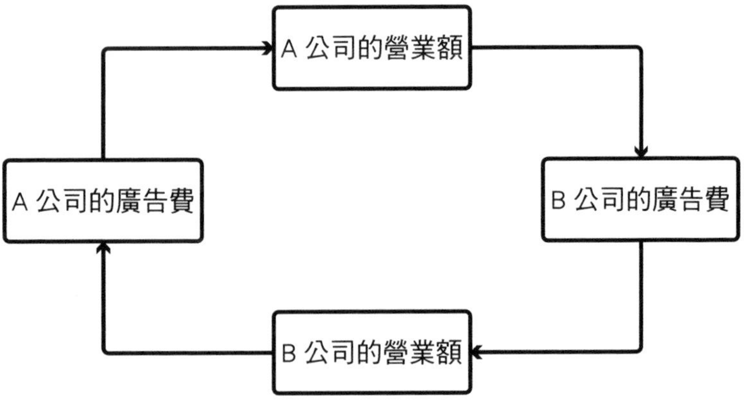

堪稱是競爭的基本模式。

所謂從模式思考，就是進行這種簡單、抽象化、圖像式的發想。

2-6 何謂物力論？

模式隨著時間的流逝，產生的行動或結果

所謂「思考物力論」，指的是加入時間軸的概念，觀察模式會發生什麼樣的變化。

在**圖表2-5**中，可以看到剛剛的廣告大戰模式，隨著時間流逝，雙方廣告費不斷增加的物力論。

思考物力論的關鍵，在於徹底思索依循模式中的因果關係，會形成什麼樣的圖形。當然還有其他各種模式，這些模式會形成各式各樣的圖形。

就拿微觀經濟學（Microeconomics）中的訂價方式為例，物力論可以提供很獨特的觀點，加深我們的理解。

微觀經濟學主張，價格是由需求和供給相互影響而決定的。感覺上是比較靜態的，價格可以很輕易的由一件事來決定。

若以系統動力學來思考，加入時間軸的概念後，需求、供給和價格的物力論就會如**圖表2-6**所示。

一旦需求增加，價格就會上揚；價格上揚後，供給會增加，需求會

圖表2-5｜A公司和B公司的廣告大戰物力論

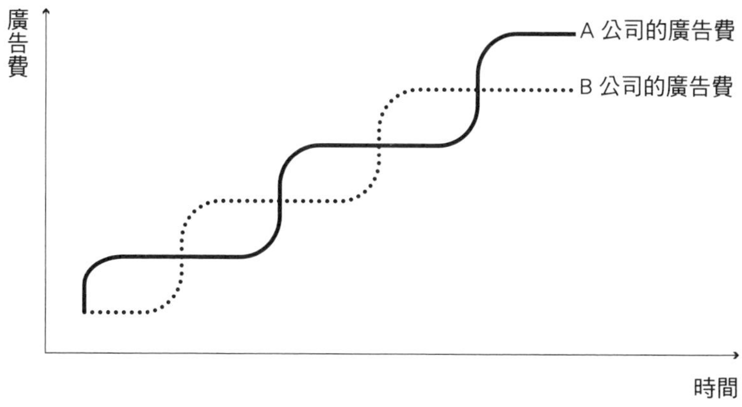

圖表2-6｜訂價方式的物力論

●微觀經濟學中的「價格」

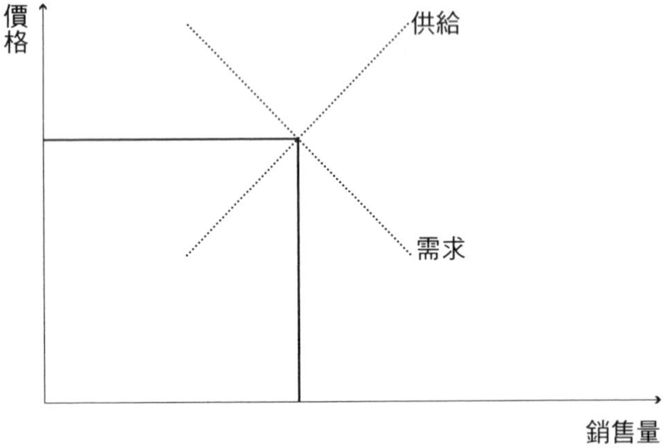

●系統動力學中的「價格」

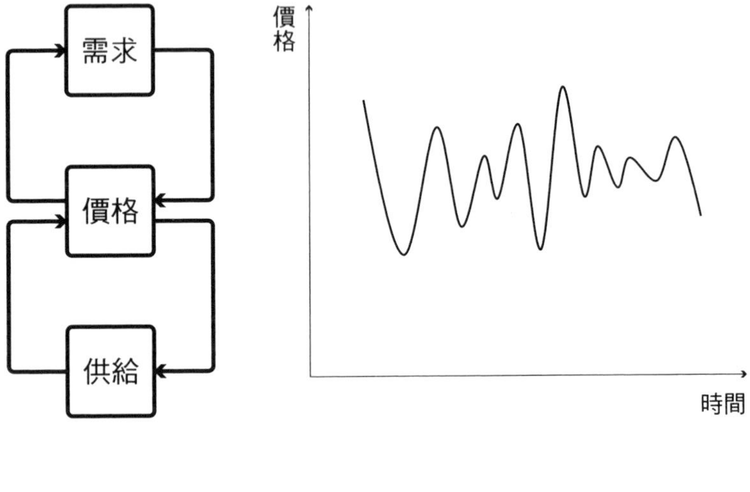

減少；供給增加、需求減少後，價格就會下跌；這麼一來，需求又會增加。

將時間軸的概念放入這個連鎖關係中，就可以看出圖形的波動。價格不再是靜止的「點」，而是活生生的物力論。

2-7

理解物力論並改變模式，就可以真正解決問題

光是改變現象，只會讓事情更加惡化

之前已經說明，在系統動力學中，以模式和物力論來思考事物的本質。反過來說，出現問題時，為了解決問題，就必須深入追究引起問題的模式和物力論。

這種做法首要強調的，就是「現象的反面絕對不是答案」。因為現象充其量只是結果，而不是原因。無法從根源解決問題的方法，不過是治標，最後只會浪費時間和力氣。

而且，**今天的解決方法也有可能造成明天的問題**。比方說，便祕的時候吃瀉藥，因為沒效，只好吃更多的瀉藥，結果反而造成腹瀉。這就是忽視模式中的時滯（Time lag，出現效果前的時間差）所導致的後果。

再舉一個例子，因為財政赤字問題無法解決而發行國債，根本只是在拖延問題，將更大筆的債務遺留給子孫。雖然這個問題對每一個世代的人來說都一樣重要，但之所以還是這麼做，是因為處在時間軸的一個點當中，只看到很模糊的未來，無法感受到它將來真的會發生。

改變模式，就能夠解決問題

因此，為了解決問題，只有從改變模式和物力論下手才行。以先前提到的A公司和B公司的廣告大戰為例，必須努力改變**圖表2-4**的模式。

比方說，將廣告大戰的宣傳焦點，轉移到原本比較不重視的新產品或新技術，如果做不到，那就和實力堅強的銷售代理公司合作，徹底擺脫廣告大戰的窠臼。假如A公司和B公司的產品是非消耗品，就竭力做好售後服務，留住顧客，同時，也幫忙修理其他公司的產品，以開發更多的顧客。改革模式和物力論的流程（**圖表2-7**），絕對是必要的。

圖表2-7｜擺脫廣告大戰的策略

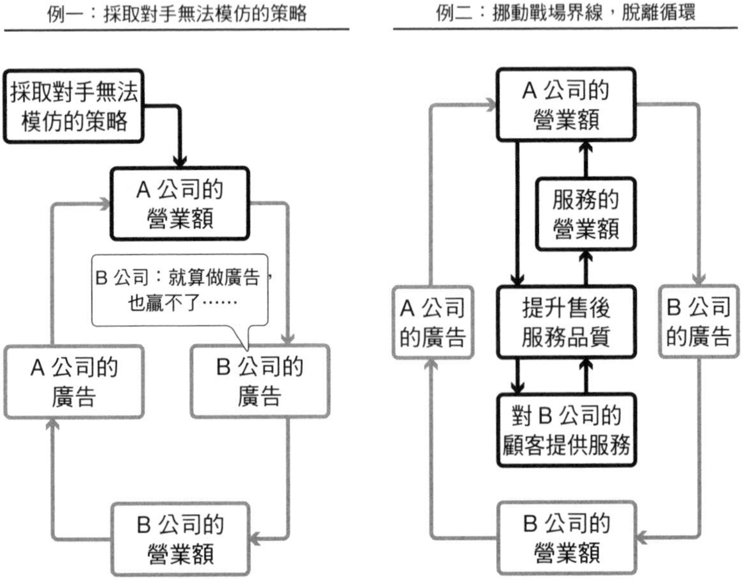

札幌啤酒的失敗

企業有時也會忽略物力論，亦即無法預見未來而導致失敗，或因沒有考慮到第二步、第三步對策，而招致更嚴重的後果。

札幌啤酒（現在的Sapporo Holdings Limited）曾經推出以豌豆釀製的啤酒Sapporo Draft One，開拓出「第三類啤酒」的新戰場，大幅提升了營業額。但是，實力更為堅強的麒麟和朝日等大型啤酒公司，隨即也跟著推出第三類啤酒，競爭日趨激烈，札幌啤酒的業績因而大幅下滑。

札幌啤酒無法適時採取（也有可能是找不到）下一步對策。這也可視為今日的解決策略（成功），造成明日問題的典型例子。也就是說，大成功會帶來大規模的反彈，形成讓業績大幅震盪的物力學。

那麼，可以提出什麼樣的對策呢？如果札幌啤酒可以適度控制最初成功的速度，有時間打穩「Draft One」的品牌基礎，或許就可以減輕競爭者加入戰局所造成的影響。這麼一來，業績的震盪就會變小，長遠來看，或許還可以獲得更高的利益。

「創新的民主化」模式

請回想一下我在前言中提到的MBA課堂失敗經驗。在檢驗儀器製造商A公司和B公司的競爭中，我們該把焦點放在什麼樣的本質呢？

如果就像B公司所做的，產品的競爭力是創新，應該注意的關鍵，就是「創新會在什麼地方、如何發生？」的模式與物力論。

我當時被「創新是企業該做的事」這種常識制約了，所以看不到「顧客也可能引發創新」的重要事實，也看不到顧客的意見可以提高

圖表2-8｜沒有看到的另一半模式與物力論

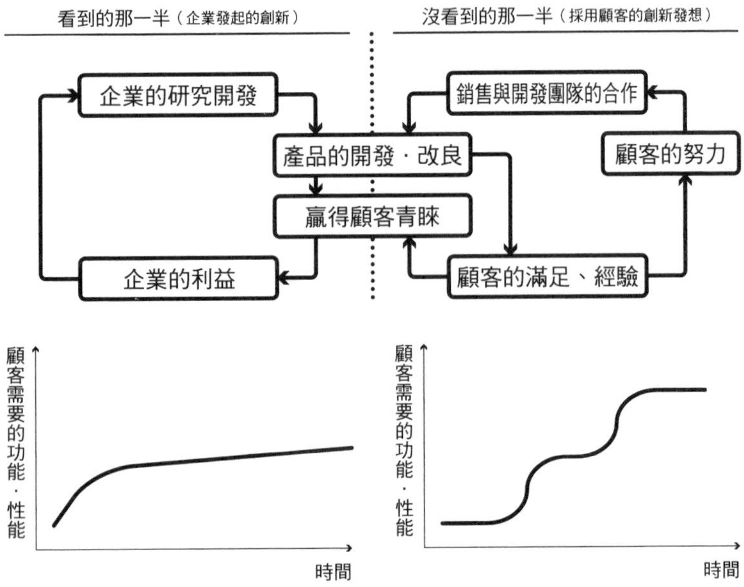

自家產品競爭力、可以持續和顧客一起發展的物力論。

顧客不只是輸出的對象（＝接受企業提供的產品），他們也是輸入（＝意見）的來源，我忽視了創新民主化的模式（圖表2-8）。如果可以徹底思考這個模式和物力論，應該就能找到正確答案，擺脫自我主義，採納顧客的創新發想，加強產品的開發與銷售，做出更具發展性的決策。

日本企業面臨加拉巴哥化（Galapagosization）應採行的對策

我再介紹一個可以切實感受到從本質思考重要性的例子。那就是在某個時期經常聽到的日本「加拉巴哥化」問題。

所謂加拉巴哥化，指的是日本特有的技術和服務，只在日本境內進化，因而不符合世界標準，導致失去全球商機的現象。就像南美厄瓜多海岸的加拉巴戈斯群島，由於與世隔絕，群島上的生物獨自演化一樣，故得其名。日本手機被稱為「加拉手機」，也是相同的語源和含義。

日本企業的加拉巴哥化問題，發生在行動電話、數位廣播、PC、汽車導航等領域，案例多不勝數。例如，在行動電話的世界，世界標準並非日本的加拉手機，而是智慧型手機，為什麼會出現這種現象呢？

大家馬上可以想到好幾個理由，比方說「熱愛研究、製作技術高超的日本人，不斷創造出高端產品」，或是「日本人對產品的要求太高了」等等，似乎都很合理，不過，很可惜這些論調都只看到部份真相。

事實上，問題背後真正潛藏著的是「日本市場規模」的問題。因為日本市場有足夠的大小，所以技術的進化就很容易只朝「適合日本市場」的方向發展。

也就是說，加拉巴哥化這種現象背後存在著以下模式：「日本國內市場夠大」→「企業毋需認真看待全球市場就足以生存」→「為了站穩日本市場，缺乏成本競爭力的高端產品應運而生」→「太晚進軍全球市場」→「世界標準已被海外企業訂定了」→「很快的，日本市場也被奪走了」。在人口比日本少的韓國和台灣，就沒有企業會發生加拉巴哥化問題，正是此模式的最佳反證。

這麼一想，我們就可以發現，若一直抱著從日本出發、以日本為中心的信念，就無法徹底解決問題。若想解決問題，一開始，商業發想的起點就必須是「全球・新興國家」，而非日本。

ESSENTIAL THINKING

2-8 關注本質，就能提升邏輯思考和假設思考的能力

過去學到的思考法再度復活

不受限於現象與事物的表層，從容易黑箱化的「本質」（＝模式×物力論）進行思考的態度，最後可以讓邏輯思考和假設思考變得更加活化。

也就是說，經過本質思考所得的金字塔結構和假設，和從現象思考而得出的金字塔結構和假設，在特性上會有很明顯的不同。若以先前提到的創新民主化為例，以下的研究就有可能成立。

一般來說，若以金字塔結構來拆解「提高營業額」這個課題，可以把它分解

成「增加顧客數量」和「提高每一位顧客的消費額」。增加顧客數量可以再分解成「擴大市占率，把其他公司的客人搶過來」和「開發新顧客」；增加每一位顧客的消費額則可分解成「增加商品本身的銷售數量或提高售價」和「利用配件・售後服務，擴大銷售」等，這些想法確實很合乎邏輯。但是，從這裡衍生出的策略就只是現象的反面。

但是，若以包含了看不見的另一半的模式來觀察整體，假設的建立和分解的方法自然會不一樣。而且，還不只是分解現象的金字塔，企業真正的競爭力也可能掉入金字

圖表2-9｜從本質出發，邏輯思考也會變得不一樣

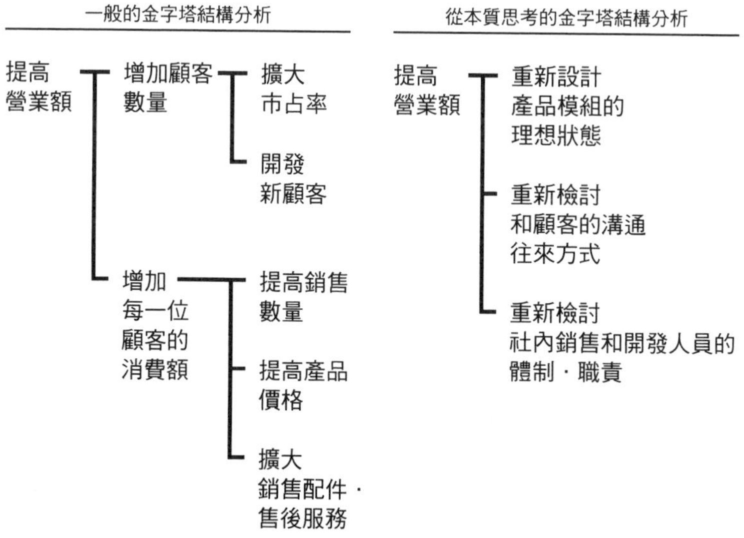

塔中。

比方說，在產品模組的切割方法上下點功夫，讓顧客可以很輕鬆的自己加工、為了吸收顧客的創意，要重新檢討和顧客溝通往來的方式。再者，為了將好處再次回饋給顧客，還能改善開發和營業人員的職責和合作方式。如果可以注意到這些切入點，就有機會可以得出更實際、更有效，而且又有發展性的答案。（**圖表2-9**）

所謂「關注本質」，就是像這樣將焦點放在模式和物力論上。本章中介紹的圖表可以加深各位讀者對事物的理解，藉以達到這個目的。

ESSENTIAL THINKING

2-9 本質思考的四個步驟

以系統動力學為基礎的本質思考

從下一章開始，我將從各個步驟介紹本質思考的方法。本書雖然以系統動力學的思考為基礎，但目的並不在解釋系統動力學，而是要讓大家可以活用這個方法，學會從本質思考，以引導出有發展性答案。

本書中介紹的本質思考，包含以下四個步驟：

STEP① 建構模式

STEP② 解讀物力論

STEP③ 找尋改變模式的策略

STEP④ 採取行動，從實踐中獲得回饋

接下來，就為各位具體介紹在本質思考的各個步驟該做的事和箇中訣竅。此外，在本書的最後一章，還會介紹在日常生活中可以採取哪些訓練方式，以提高本質思考的準確度。

CHAPTER 3

本質思考的步驟①
建構模式

——用一張圖來表現構成要素與關係

ESSENTIAL
THINKING

ESSENTIAL THINKING

3-1 了解模式後，就能夠看出本質

圖像式思考，用一張圖來表現

為了做到本質思考，首先要從解讀潛藏在現象背後的模式著手。何謂「解讀模式」？一言以蔽之，就是藉由圖像式發想，簡單找出最重要的事，並試著描繪整體樣貌。

用圖畫表現潛藏在問題背後的模式，將模式的要素和因果的意象，加以視覺化。重要的是，藉著實際動手、視覺表現，來深化思考。光是用大腦思考，總是無法想得太深入（圖表3-1），但如果能從模式來思考，大多數時候都可以恍然大悟。

建構模式的條件

建構模式時，雖然沒有特別的規則，但有兩個條件一定要遵守。其中之一是要包含「必須的要素」和「因果關係」，否則就無法研究造成現象和物力論的機制。

另一個條件，則是建構模式時，不可橫跨好幾張紙。因為目的就是掌握整體樣貌或結構，所以應該畫在同一張紙上。唯有弄清楚全部的要素和其中連結，才能展現整體樣貌。如果無法彙整在一張紙上，可

圖表3-1｜思考的「視覺化」

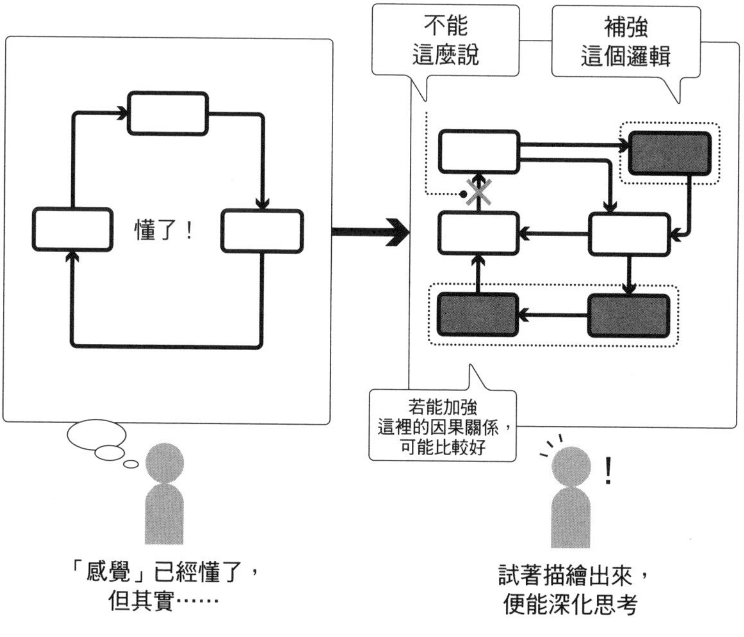

能就代表思考沒有徹底結晶化。

COLUMN 4

百貨公司真的沒落了嗎？

幾年前，我有個機會和某位很了解零售業的經營者對話。對方說的話讓我深深感覺：「啊！他看的不是現象，而是模式。」那個人斷言，東京某家現在陷入經營困境的百貨公司，十年之內一定會復活。

他的理由非常簡單且具說服力。因為那家百貨公司位在市中心的車站附近，地點絕佳，且擁有極為廣大的腹地。

的確，雖然日本的總人口開始減少，但是近二十年來，東京的人口一直在持續增加，富裕階級也很多。而且，市中心的主要交通方式依舊是電車。就算百貨公司的經營型態、商業模式都有所轉變，位於市中心車站旁的大型百貨公司，就結構上來說還是很有利。

最近，那家百貨公司的業績也真的持續回升。證明那位經營者看的不是現象，而是模式。

3-2 正循環與負循環

世界是由這兩種循環構成的

模式的典型樣貌，就是本書中經常出現的「因果循環圖」，這是系統動力學建構模式的方式，將構成要素畫成圓形或方形，再用箭頭表示因果關係，是很單純的圖。

系統動力學認為，整個世界就是由兩種循環所構成的（**圖表 3-2**）。本書雖然不是解說系統動力學的專書，不過在探究模式時，必須瞭解這兩個循環的思考方式，所以在此簡單說明。

不斷擴大的「正循環」

首先是正循環，又稱正向循環，指的是事物如同滾雪球般，不斷持續擴大的循環。**圖表2-4**中A公司和B公司的廣告大戰，就是典型的例子。

這種循環存在於世界的每一個角落。比方說，因為美國擴充軍備，所以俄國也會擴充軍備；如果俄國擴充軍備，美國就會更進一步的擴充軍備。國與國之間的軍備競賽，就屬於這種循環。又比方說，與戀人之間的關係進入冷卻期時，戀人的一點小動作，怎麼看都令人心生

圖表3-2｜正循環和負循環

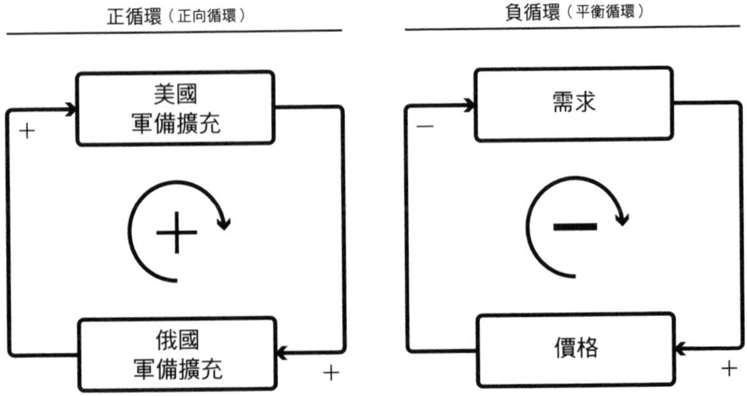

厭煩，導致兩人的關係變得更加冰冷，這也是正向循環的一種。

帶來均衡的「負循環」

另一種則是負循環，又稱平衡循環，意即可以帶來均衡。

比方說，本書82頁中**圖表2-6**所顯示的需求和價格、供給和價格，就屬於這種循環。當價格上揚，需求就會減少，當需求減少，價格便會下跌；相反的，當價格下跌，需求就會增加，當需求增加，價格又會上揚。像這樣來來回回，同時慢慢接近平衡點的現象，就是

圖表3-3｜讓百貨公司復活的模式

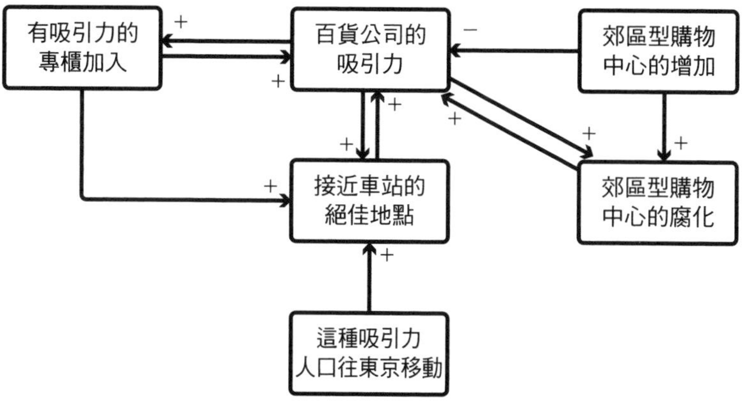

負循環。

探究模式的時候，這兩種循環的思考方法非常關鍵。

如果用正循環和負循環的因果觀來建構，COLUMN 4中，讓百貨公司復活的模式，大概會畫出如**圖表3-3**的圖表。

探究模式時，若能意識到要素之間的循環，到底是屬於哪一種，就可以確實理解之後的物力論，以及可稱為「結果」的現象。

ESSENTIAL THINKING

3-3 探究模式時的線索①加入五個構成要素

五個要素，掌握各個面向

從現在開始，要為各位介紹幾個探究模式時可供參考的線索。

請大家再看一次第75頁的圖表2-3就可以理解。所謂本質，就是從輸入到輸出這段過程的模式和物力論。輸入和輸出雖然是由模式和物力論加以連結，但因為人們常常只看到現象而看不到模式和物力論，所以會引導出一個沒有脈絡的答案。

因此，必須看的關鍵是輸入以及輸出和本質之間的關聯性。而且，在思考應該在模式中加入哪些要素時，應該也會發現多面向的掌握要素的態度，是很重要的。

根據上述觀點，就可以知道有五個應該思考的要素，那就是「輸入來源」、「輸出目標」、「競爭關係」、「協調關係」、「影響者」。

「輸入來源」指的是投入模式的要素。以工作來說，就好比「自己的時間」或「擁有的技術」等，也可以更進一步把決定工作時間或技術的「健康狀況」和「過去累積的努力」等，也視為輸入來源。

而「輸出目標」指的則是從模式產生的成果。比方說，「對客人提供的服務」、「交給主管的報告」等。

「競爭關係」指的是在輸入和輸出中相互競爭的對手。狹義的比如說「公司的同事」，若將視野拉大，「在其他公司中做相同工作的人」也可算是競爭關係。和競爭對手有時可以互相切磋，雙方互惠，有時也會如廣告大戰一般，競爭變得愈來愈激烈，造成彼此的消耗。

「協調關係」指的是可以創造出互補關係或相乘效果的人，例如「主管」和「部下」、或「其他支援部門」等。若將範圍再拉大一點，或許也包含「可提升工作效率的工具」或「支持自己的家人」等。

至於「影響者」，指的是間接對整體模式造成極大影響的要素，例如「社長」或「人事主管」，影響者有時會加速變化，或者改變模式的前提。

為了解決商業上的問題而建構、探究模式時，至少要從「輸入來源」、「輸出目標」、「競爭關係」、「協調關係」、「影響者」這五個觀點來俯瞰全體。如果可以將這五個要素放進腦海中，仔細思考它們之間的關聯性，應該就可以得到準確度很高的模式，以及能從根本徹底解決問題的答案。

如果建構模式時發現少了什麼，請看看是不是忘了這五項之中的哪一項。

新加坡航空的成功模式

舉一個企業的例子。新加坡航空便是完美整合這些要素，因此不斷成長的航空公司（**圖表3-4**）。

導入最新設備，如雙層飛機A380等，由臉蛋漂亮、身材又好的空服員（輸入），提供高品質的機內服務，提供前往東南亞交通樞紐——新加坡的交通服務（輸出），為了填補乘客登機前的等候時間和轉機空檔，新加坡的樟宜機場備有完善的商務設備和休閒設施，是非常有吸引力的場所（協調關係）。

此外，新加坡本身之所以能躋身亞洲的交通樞紐，乃是因為政府（影響者）的協助，而新加坡航空和樟宜機場之所以能密切合作，也是因為有政府的支持。

雖然有各種競爭對手，但政府—機場—航空公司的強力連結，所帶來的競爭力非常強勁，近來也致力和廉價航空公司做出區隔，並且共生共存。

圖表3-4｜新加坡航空的模式

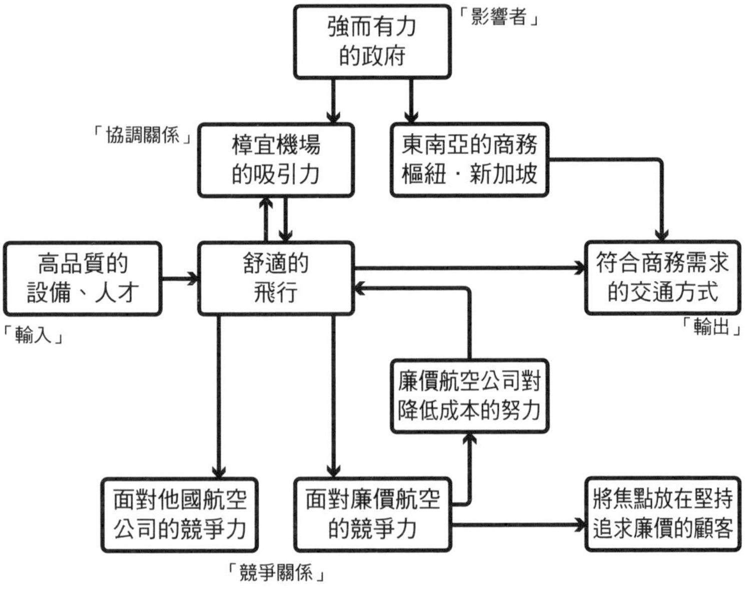

ESSENTIAL THINKING

3-4 探究模式時的線索②思考層面

思考各個層面的結構

探究模式時的第二個線索，是稍微增加發想的厚度，也就是說要思考各個層面的結構。若建構模式時也能意識到層次的問題，便可以更深入的了解本質。

大家或許會覺得這個要求和「將模式畫在一張紙上」互相矛盾，事實上一點也不。我是希望大家可以在不斷深入的徹底思考後，意識到事物的不同層面。

不過，「增加厚度」到底是什麼意思，大家應該不是非常理解，因此，我就舉幾個身邊的例子，請大家試著思考一下。

比方說，你很熱中某種運動，在這種運動的競賽中，你很希望能得到好成績。為了達到「勝利」（＝輸出），除了「比賽」本身以外，你還考慮到比賽當天的天氣、了解對手，或者和隊員一起模擬戰術，比賽前，你選擇吃容易轉換成熱量的義大利麵。大家可能已發現了，這些就是剛剛提到的五個要素。

以不同的層面來思考，就會出現不同的看法。

也就是說，跳脫「比賽」這個層面，針對其他層面盡情思考。比方說，在「技術」的這一層面，即使不是為了比賽，也可以研究出一套必殺技。

或者，針對「體力」這個層面，可以思考出「藉著速度和耐力來一決勝負」的戰術。

這些都是離開「比賽」這一層，從其他層面進行思考所得出的結果，更可能打造出在比賽中獲勝的輸出。這個時候，層面就可分為比賽—技術—體力這三層。

分層解讀汽車產業的競爭

接著，再舉一個汽車產業的例子（圖表3-5）。

若以方才提到的五個要素來思考，為了追求更大的規模，德國的賓士和美國的克萊斯勒合併（計劃已取消）、日產汽車和雷諾汽車合作等，都混合了競爭和協調。

此外，博世（BOSCH）和電裝（Denso）等零件製造商，提高了打造汽車核心零件的實力和影響力之後，便會形成非常有趣的物力論。

但是，並非掌握了業界動態就能建構模式，加入「層面」這個切入點之後，對模式的理解才能更加深刻。比方說，除了「業界」，同時也加入「汽車製造」、「（為了製造汽車的）組織」等等層面，透過這些不同層面的看法所描繪出的模式，才可以看見競爭的真正動態。

例如，想要追上甚至超越日本汽車製造商的韓國現代汽車，為了提高強化競爭力的速度，將火力集中在顧客看得到的設計上，擴大了市占率。這就是在「汽車製造」層面的戰爭。

圖表3-5｜加入不同層面的模式範例／汽車業界

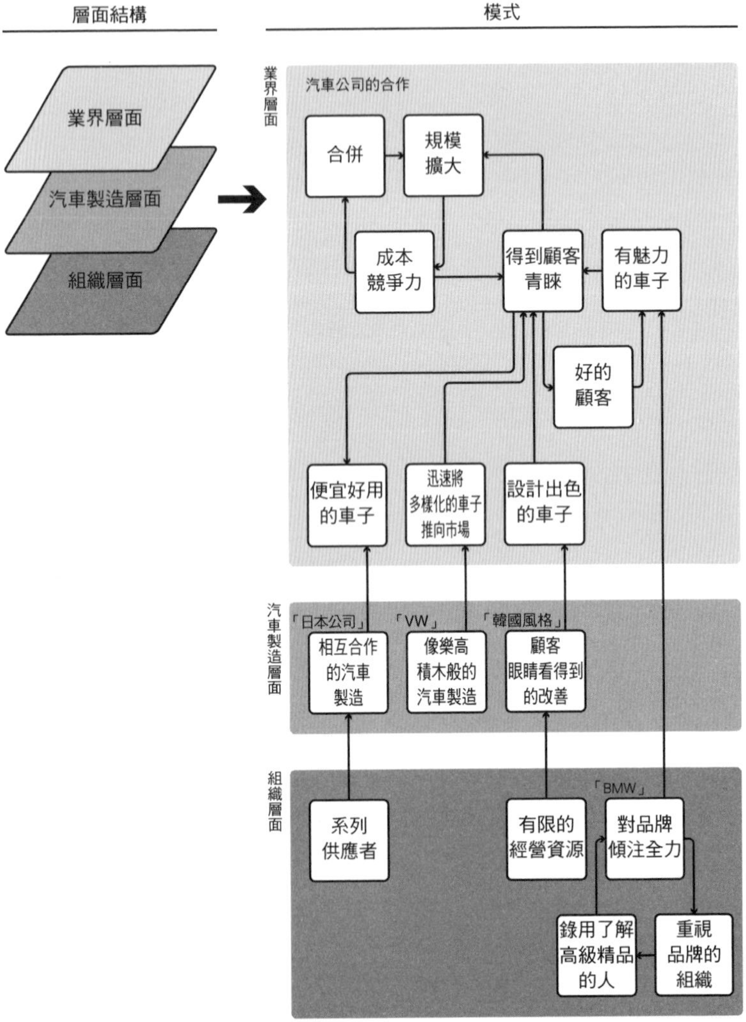

另一方面，為了對抗日本企業出色的製造能力，例如擅長改善、系列車款的相互合作等，德國的福斯汽車（VW），花了十年以上的時間，開發出宛如組合樂高積木般的全新汽車製造技術，因此競爭力急速提升，這也是「製造汽車」層面的戰爭。

此外，德國的BMW經常被讚譽為擁有最高品牌價值的汽車製造商，BMW為了打造其品牌價值，只錄用懂得高級精品的人，並且花了好幾十年的時間，努力讓品牌價值「超越的快感」滲透到組織中的每一個角落。這又是比製造汽車更深一層的「組織」層面的戰爭。

就像這樣，將不同的層面當作切入點來思考，就可以從不同的觀點，更加看清模式。

以BMW為例，如果光看汽車製造技術，可能會錯看BMW品牌的堅強本質，必須更深入的思考到組織的層面，才可能發現BMW的品牌價值就是長期以來顧客的信賴，而這也是其他公司短時間內無法模仿的重要寶物。

3-5

探究模式時的線索③
注重因果，忽略相關

因果和相關的差異

建構模式時，要留意因果關係和相關關係的差異。所謂的「因果關係」，指的是兩件事情之間，真的有原因與結果的脈絡存在；而「相關關係」指的是兩件事情之間，雖然看似有關，但沒有原因和結果的因果關係。

真的有因果關係，以及看似有關聯性，兩者有著極大差異。不確定兩者是否有因果關係時，最好可以找尋一下背後是否隱藏了第三因子。

比方說，當發現懂英文的員工，工作能力也很好時，必須思考一下，兩者之間是因果關係？或是相關關係？（圖表3-6）說不定只是努力的人剛好展現出「懂英文」和「工作能力很好」這兩種成果而已，兩者之間沒有因果關係。

在這個例子中就隱藏著「努力的員工」這個第三因子。如果沒看清這一點，不管再怎麼勉強員工唸英文，都無法提升員工的工作能力。

探究模式時，重要的當然是因果關係，至於相關關係，則不必放進模式裡。

圖表3-6｜因果與相關

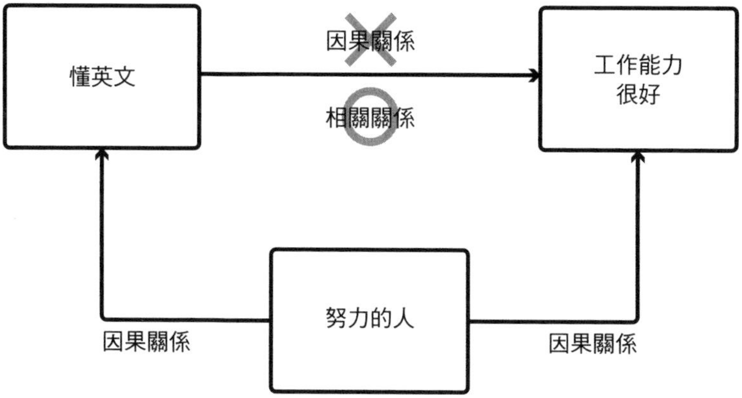

ESSENTIAL THINKING

3-6

檢查模式

試著改變思考的主詞

如何才能確認思考出來的模式接近本質？最好的方法是改變角度，重新思考一次。

比方說，站在對手的角度來思考，看到的世界就會有一百八十度的轉變；或者從第三者的角度，轉九十度來觀察，都比較容易有冷靜、客觀的觀點。設定各種立場，改變思考時的主詞，重新檢視已經建立的模式，而不是光用自己的大腦思考，勢必能提升模式的品質。

請別人看一看

不擅長在大腦中自問自答的人，也可以試試另一個更方便的方法——請別人看看自己想出的模式，一起討論。

通常，自己的想法和其他人一定會有差異，很少能完全一致。和他人討論不但是必要的，而且從他人的觀點來檢查模式，也是深化思考的好機會。

這個時候應該要特別注意是否犯了「堅持初期假設的慣性」。和他人討論時，應該避免「可是……」、「但是……」、「不過……」之類的反應。只要出現這些習慣，就算對方提出了新觀點也會被糟蹋掉。

可以的話，最好跟思考邏輯與發想方式都和自己不同的人討論，或者是身邊平常就能夠深入思考事情的人。和這樣的人一起討論，就算只有十分鐘，也會大有斬獲。

我在顧問公司工作，身邊有許多優秀的資深顧問，特別是已晉升為合夥人的共同經營者，不但經驗豐富，背景也各不相同。

想檢查自己建構出的模式，或者深入思考時，我都會繞到合夥人的辦公室，花五分鐘說明自己想出的模式（當然，都是在保守業務機密的前提下），然後再花十分鐘聽聽對方的著眼點和想法。

這麼一來，繞完五到十個辦公室之後，我不僅能徹底檢查自己想出的模式，也可以擴大思考的範圍，讓自己的想法更加深入。

辛苦想出的模式是否有趣？

最後要確認的一點是，自己的想法是否有趣。模式越接近本質，內容應該就愈有趣。這是因為看到之前完全沒看見的本質時，人總是會感到新鮮、驚奇，因而覺得有趣；如果只是單純的把問題反過來看，絕對不會如此。

當固有觀念或不成文規定被打破時，人會因為那種意外性而覺得有趣。搞笑藝人的笑點，完全就是來自這種意外性。

此外，感到有趣時，多半是在變動的狀況下掌握事物。單純的靜止畫面或瞬間影像並不有趣。也就是說，從模式聯想出的物力論是有趣的。

所以，判斷思考出來的模式良莠的最終關鍵，就是有趣與否。

CHAPTER 4

本質思考的步驟②
解讀物力論

—— 掌握模式隨著時間流逝會產生什麼變化

ESSENTIAL
THINKING

ESSENTIAL THINKING

4-1 從模式中醞釀出的物力論

預測模式×時間所醞釀出的結果

看到醞釀出現象的模式之後，接著就要想一想這個模式未來會如何發展。亦即從圖像式的模式中，找出是有什麼因果關係，將來會造成什麼樣的物力論。如果可以理解那個物力論，就能夠想出從根本解決問題的策略，而不只是治標不治本的對症療法。

物力論不存在於靜止的畫中。所謂找出物力論，就是思考、了解加入時間因素之後，沿著時間軸，模式會往哪個方向發展。

請各位讀者以中古車和新車販售的關係為例，試著思考一下。如果像**圖表4-1**般的模式簡單思考，就會覺得中古車如果賣得好，一定會對新車的銷售造成負面影響，因為中古車和新車分食的是同一個市場，排擠效應會讓新車的獲利減少。

但是事情沒有這麼單純，雖然有人一開始是買中古車，但長時間來看，這些人將來很有可能會成為購買新車的顧客。也就是說，可以把現在的中古車販售，想成是在培養將來的新車潛在顧客。

而且，對某品牌中古車很滿意的人，說不定下次買車時，就會考慮同品牌的新車。這麼一想，販售高品質的中古車、使其在市場流通，對車廠來說是一種有利的運作。此外，努力提高市場上中古車的價值，還可以緩和顧客對於車子折舊價差的不安，對於新車的販售也很有幫助。

如果能像這樣，以動態的方式來思考中古車和新車的販售模式，就會發現兩者之間不只是單純的競爭關係。

就算以短期來說，新車和中古車的確會互相爭奪市場，但長遠來看，運作得當，對新車的銷售絕對是有利的。這種關係或許會變成如**圖表4-2**一般，在

圖表4-1｜新車・中古車銷售的短期模式

●新車和中古車分食同一市場

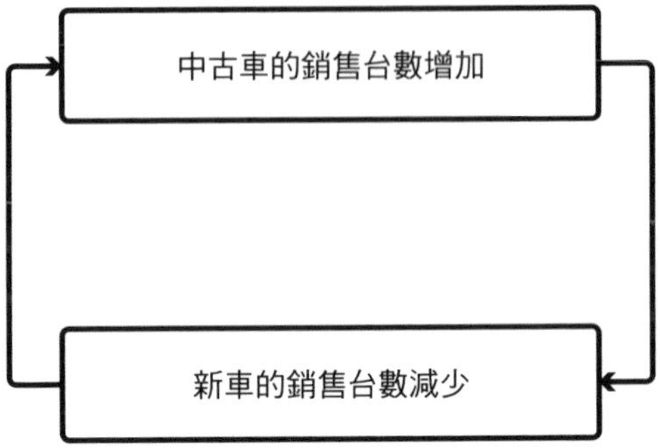

●乍看之下，中古車似乎對新車的銷售造成負面影響

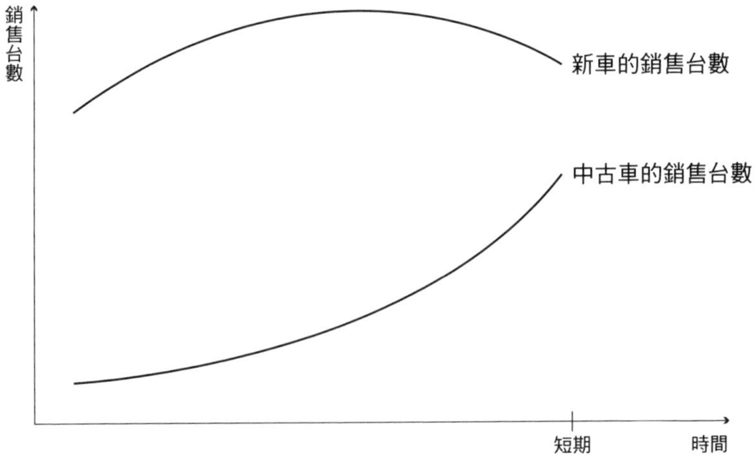

圖表 4-2｜新車・中古車銷售的模式與物力論

●販售中古車對新車造成的正面影響

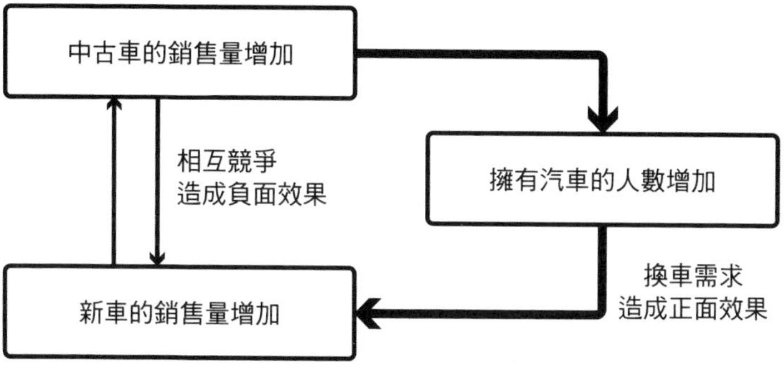

●販售中古車對新車銷售造成正面影響

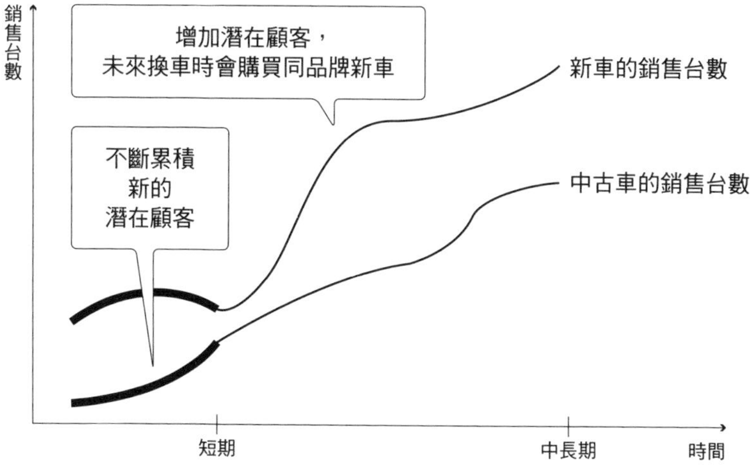

原本的關係上發展出持續成長的局面。

想徹底看清某個現象的本質，不能只是打造模式，觀察它循環一個週期的結果，而是要思考這個模式在更長的時間軸中，多循環幾個週期之後，會帶來什麼樣的結果。

若非如此，就會錯看事物的本質。拿新車與中古車的這個例子來說，便可能歸納出以下這種對未來不見得有利的結論——為了銷售新車，不要太積極的販售中古車。這就是我們為什麼要去探究物力論的理由。

ESSENTIAL THINKING

4-2 物力論的形態

物力論的六種典型

模式醞釀出的物力論，有各式各樣的形態。眼睛當下看到的現象，只不過是某個形態在某一個時間點的瞬間影像。為了找到最接近本質、最能從根本解決問題的答案，就必須徹底掌握物力論的完整形態。

物力論這個字眼，本身就包含了時間的概念，沒有時間軸，物力論將無法成立。因此物力論是以時間為橫軸，以關鍵指標為縱軸所描繪出的圖形；而所謂的關鍵指標，最重要的就是輸出。也就是說，沿著時間軸發展的輸出圖形，就是最基本的物力論。

除了輸出之外，模式中的其他重要項目也有其意義。就以剛剛新車·中古車的例子來說，除了銷售台數之外，新車和中古車兩者合計的持有台數，也是物力論會形成何種圖形的重要指標。因為，販售中古車之所以會影響新車銷售，就是因為已賣出的車輛數目（存量）增加的緣故。

縱軸可以是汽車台數的絕對值，或是市占率的比例，也可以是組織的活化程度或品牌價值這種難以精確測量的「質」的指標。

圖表4-3是物力論最具代表性

圖表4-3｜物力論的典型圖形範例

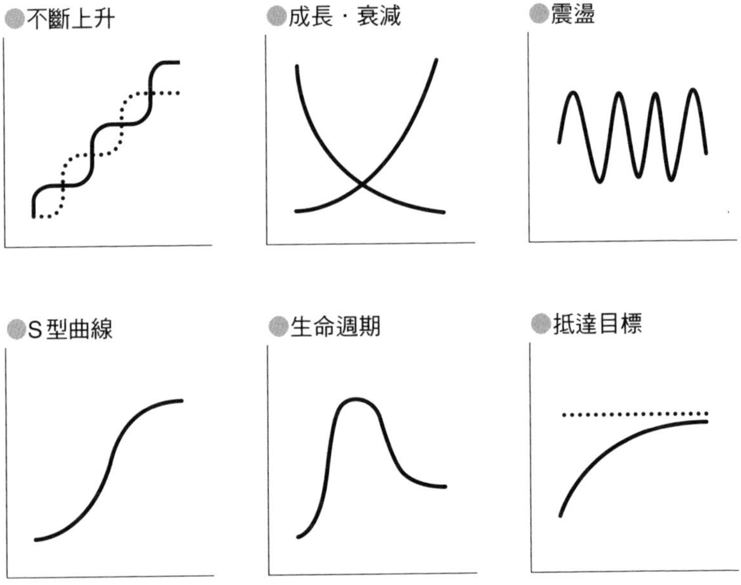

的六種形態。比方說，如果正循環很強，就容易出現「不斷上升」或「成長」的圖形；若負循環強力運作，就容易形成掉落到某個水準的「衰減」或「抵達目標」的圖形。

如果是很有限的資本型要素，如浴室的大小、有限的地球資源、自己擁有的時間等，就容易形成「生命週期」或「S型曲線」的圖形。

ESSENTIAL THINKING

4-3

探究物力論的關鍵①
庫存量和流通量，必須分開看

庫存量和流通量，是兩種不一樣的狀態

庫存性和流通性的差別，會讓物力論呈現極大差異。最容易了解兩者差異的例子，就是存放在浴缸中的水——從水龍頭流出的水量是流通量，存放在浴缸中的水就是庫存量（圖表4-4）。

因為花粉對身體的影響超過臨界點而引起的花粉症，也可以用庫存量與流通量的概念來看——累積在體內的花粉是庫存量，每天吸收的花粉量便是流通量。

在商業的世界，有很多時候必須清楚地將庫存量和流通量分開思考。讓我們再次想想汽車銷售的例子，在汽車剛開始普及的新興國家，預估銷售台數時，「一年有幾個人會買車」、「新的客人會不會買我們公司生產的車」等等，以流通量為主的思考方式非常重要。相對的，在市場發展成熟的國家（**甚至可說是，該有車子的人都已經有車了**），只會有換車需求，所以，應該重視的反而是「現在有幾台車在市場上流通」這種以庫存量為主的思考。

此外，每年的廣告宣傳費等支

圖表4-4｜庫存量和流通量

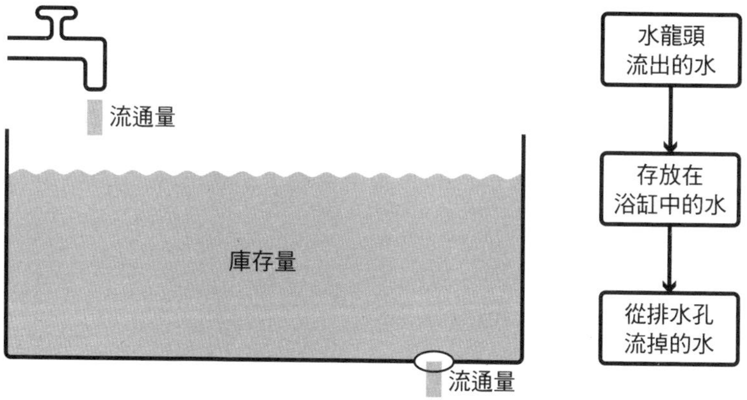

出，不管是在新興國家或先進國家，應該都和銷售台數成正比，所以可以採取以流通量為主的思考方式；維修等售後服務的收入，應該用已銷售出去的台數來思考，所以要採取以庫存量為主的思考方式。就像這樣，在思考物力論時，最好先想一想，是要針對庫存量還是流通量來思考才是對的。

COLUMN 5

店前流動量和停留時間

我曾在星巴克任職，當時的社長講的一段話，讓我恍然大悟。流通量和庫存量的思考方式，也可應用在那段話中。

社長說，展店時，商店前的人潮的確非常重要，不過，若行人只是匆匆從店前經過，並沒有意義；重要的是，人潮會不會在店鋪周邊停留。在這個例子中，我們可以把店前的人潮當作流通量，把是否停留視為庫存量。比方說，位於鬧區的商店街，往來的人潮可能會停留，變成庫存量；但若是位於住宅區和車站之間的大型幹線道路，即使有再多人潮通過，也只是單純的流動量。

最近，我發現一個能巧妙的將流動量轉換成庫存量的廣告手法，那就是位於品川車站自由通道的數位看板。那裡排列著許多相同的廣告，如果數位看板只有一塊，應該很難停留在過路人的眼睛或記憶裡。但是，因為用了十幾塊相同的看板，視覺上的衝擊感很強，就能殘留在人的記憶裡。

每一個廣告原本都只是流動量，人潮毫不留意的經過，但如果把整個通道的廣告集合起來變成庫存量，就會變成有衝擊力的廣告、有意義的場所。

聽說，品川車站的數位看板，每個月有高達五千萬日圓的廣告費進帳。

ESSENTIAL THINKING

4-4

探究物力論的關鍵②
以非線形掌握事物

比例關係中沒有的非線形

接下來要跟各位說明，除了庫存量和流通量之外，思考物力論時還有幾個重要關鍵。首先是「非線形」。

說到非線形，感覺似乎很難，其實並不然。事實上，世上到處都是這種現象。在開始解釋非線形之前，要先說明「線形」。

所謂「線形」，指的是下列這類的關聯性：「讀書」→「考試得高分」，或「向北走」→「會變冷」，亦即比例關係。而所謂的「非線形」，指的是線形關係不成立的狀況。

比方說，「年齡增長」→「長高」的關聯性，過了青春期就不成立了，因此屬於非線形。

再舉一個商業上的例子，企業的「規模」和「獲利率」也屬於非線形的關係（**圖表4-5**）。雖然一般來說，營業額愈大，獲利率也會跟著成長，感覺上「規模變大」→「獲利率變高」這種線形關係是很合理的。

確實有幾個原因能形成這種狀況。例如，企業成長、規模變大之後，規模經濟就會發生效果。或者，規模變大之後，購買原料時，

圖表4-5｜企業的規模與獲利率的關係

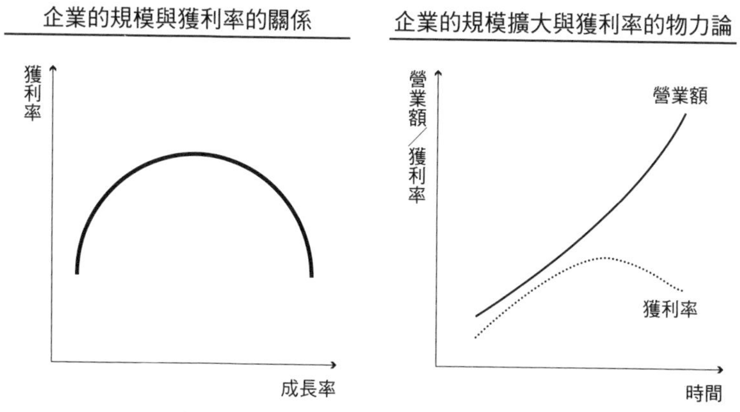

可以拿到比其他公司更有利的條件。對顧客而言，規模變大之後，品牌力和可信賴度都會提高，也可以把價格訂高，因此獲利率就會跟著變高。

但是事情沒這麼簡單。規模變大之後，也會開始出現負面效果。因為太強求成長，有可能將生意擴展到賺不到錢的客人，如此一來，就會降低獲利率。也可能將經營範圍延伸到賺不到錢的新業務，或是因為組織無法追上業務的快速成長，導致管理變得沒有效率。此外，太追求規模，也會陷入產品和服務品質下降的危機，讓品牌形象變差。

可見企業的獲利率並非單純「規模變大」→「獲利率變高」的線形關係，而是曲線會往下走的非線形關係。

看清這一點之後，你所設定的物力論就會變得不一樣。你會發現單純追求規模的戰略，總有一天會陷入瓶頸。光是「如果A，就B」的單純理論，一定會遺漏應該考慮的要素，而使思考變得不夠周全。

ESSENTIAL THINKING

4-5 探究物力論的關鍵③ 必須考慮到作用與反作用

醞釀出物力論的作用與反作用

除了流通量與庫存量、線性與非線性關係之外，第三個必須考慮到的關鍵是「作用」與「反作用」。所謂作用，指的是最初的行動，反作用則是周遭對作用所做出的反應。若以前述的廣告大戰為例，A公司提高廣告宣傳費是「作用」，B公司因此也跟著提高廣告宣傳費，就是「反作用」。

以下這個例子或許是許多人都曾經歷過的作用・反作用之一：「努力減肥」→「因為復胖，變得比減肥前重」。在職場，也有許多作用・反作用的例子，如「對同事冷淡」→「也被冷淡對待」、「認同對方」→「自己也被認同」等，到處都能看到這種作用．反作用的現象。當然，即使是企業之間的競爭，這種作用．反作用也會醞釀出有趣的物力論。

在此，我就舉一個有趣的實例來說明，日本企業和美國企業的作用．反作用所形成的物力論，會有怎麼樣的差異。

因為致力提高組織能力而突然倒閉的日本企業

很多人都認為，日本企業擁有中間幹部承上啟下（middle up down）和改善等認真嚴謹的文化，營運的能力也很出色，在和其他公司競爭時，總是可以用更低的成本，做出更好的產品，因此公認日本企業的組織能力非常強大。

感覺上這是件好事，但也可能造成更大的問題。環境變化小的時候，這個特色是可以發揮很好的效用，但是，一旦環境變化加劇時，不只個別企業，甚至整個產業都可能因此而一起崩壞。

這是因為，日本企業組織能力很強，所以總能對抗環境的變化。也就是說，對於環境變化的「作用」，日本企業會採取改善、忍耐度過的「反作用」；對於競爭對手的行動（＝作用），採取的「反作用」就是不認輸，不斷精進自己，以迎頭趕上。這就是日本企業解決問題的方法。

但是，如果環境變化的程度太過巨大，這樣的方法最後終會失效，導致企業倒閉。更嚴重的是，因為每一家企業作戰的方式都一模一樣，彼此作用・反作用的結果，就是大家手牽手一起走上末路。

這是實際發生在日本家電業界和半導體業界的事，這兩種產業的物力論，就是從長期的繁榮、成長，突然陷入絕境。

美國企業就不同了，他們的戰略是要做和其他公司不同的事，對創新的態度也比較開放。也就是說，對於競爭對手的行動（＝作用），會用做別的事情（＝反作用）來因應。

因為美國企業不會堅持在同一個戰場上，和對手做殊死戰，所以組織能力通常比不上日本企業，克服環境變化的體質也比較弱。當環境發生變化時，美國企業常會立刻「見風轉舵」、改變目標，不會留在原來的地方繼續努力。

這麼一來，各家企業都會發展出自己的作戰方式，而不至於一起倒閉。比起日本企業，美國企業的環境適應力比較高，當然，從這裡看到的物力論，也和日本企業不同，他們會慢慢適應環境的變化，形成沒有劇烈高低起伏的圖形。(**圖表4-6**)

圖表4-6｜日美兩國企業界的物力論差異

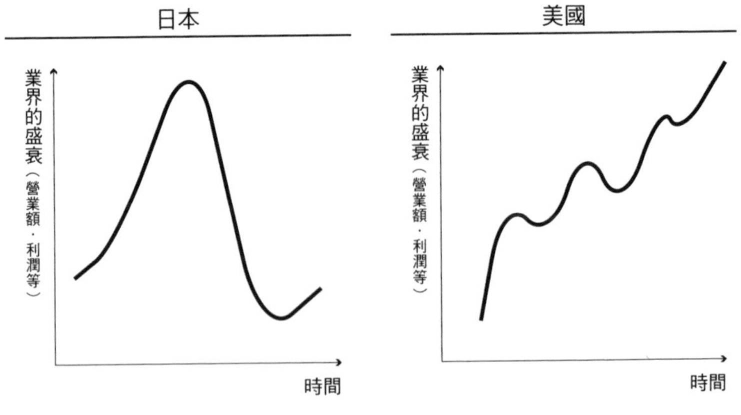

COLUMN 6

為什麼任性的人可以在組織內長久生存？

也有一種物力論，是因為作用・反作用，導致企業內出現不合理的現象。

不管什麼樣的組織，都會有自私、任性的人。雖然其他人都巴不得這些人趕快消失，但他們在組織中的地位，卻總能屹立不搖。

這是因為許多組織中的人都是「成熟的優等生」，相對於任性者自私的行為舉止（＝作用），他們會採取彬彬有禮的態度，適度妥協來處理（＝反作用），不會和他們正面起衝突。

當然，任性的人並不會發現這一點，只會變得愈來愈旁若無人、持續乖張的行徑。

如果這種行為可以被接受，很快就會出現有樣學樣的人。當然，並不是所有人都會變得自私又任性，否則組織就無法成立了。

結果，成熟優等生和自私自利者會形成一個恰當的比例，讓組織內出現許多能讓自私又任性的人苟且偷安的角落。

如果將這個例子畫成圖來看，組織內任性者的比例雖然多少有些起伏，但會慢慢取得平衡點，呈現出震動・衰減圖形。

ESSENTIAL THINKING

4-6

探究物力論的關鍵④ 從不同要素的觀點，思考幾個未來的策略

從單一角度觀察，會錯看物力論

解讀物力論時，不能光看只出現一次的作用．反作用，必須像象棋或圍棋一樣，持續不懈的解讀往後幾步的招數。

然後，再仔細思考物力論會呈現什麼樣的形態。例如，局勢一開始雖然不利，但後來是「終於得以挽回」呢？還是得「徹底逃脫」？

不過，與象棋、圍棋不同，在商業的世界，對手不只是一個人。如同CHAPTER 3所述，至少要針對「輸入來源」、「輸出目標」、「競爭關

係」、「協調關係」、「影響者」五個要素進行分層思考。有同事，也有顧客；有競爭的公司，也有股東、銀行等各式各樣的利益相關者。

因此，必須從各個關係者的角度，想像各自會出現什麼樣的反應，再針對未來思考出幾個策略。這麼一來，就可以看到會出現什麼樣的物力論。

個案研究：補習班經營

舉個例子。在國中入學考試中展現好成績的A補習班，想藉著這個成績，開設高中入學考試的補習班。站在A補習班的立場，包括已在當地建立起的品牌形象、可與既有班別共用場地和師資等，似乎有許多相乘效果，乍看是個非常合理的想法。

但是，若站在輸出目標——也就是顧客的立場來看，則可以看到國中補習班和高中補習班之間的延續性，存在著一條鴻溝。

孩子要面臨的是一生一次的高中入學考試，父母會只因為該補習班在國中入學考試的表現不錯，就繼續讓孩子去上那家補習班嗎？國中入學考試和高中入學考試，是截然不同的東西，正常來說，家長應該會針對不同的狀況，選擇最適合的補習班才對。

再從競爭對手的立場來看，也可以看出A補習班的如意算盤無法順利實現的物力論。

假設，另外有一家在高中入學考試實力更堅強的B補習班，可以想像他們一定會針對A補習班的行動，想辦法擴大招生。說不定，還會因此進軍A補習班原有的勢力範圍——國中入學考試，這樣一來，就會展開由「逐漸擴大」的物力論所引起的消耗戰（**圖表4-7**）。

站在各個相關人員的立場，依序

圖表4-7｜國中入學考試和高中入學考試

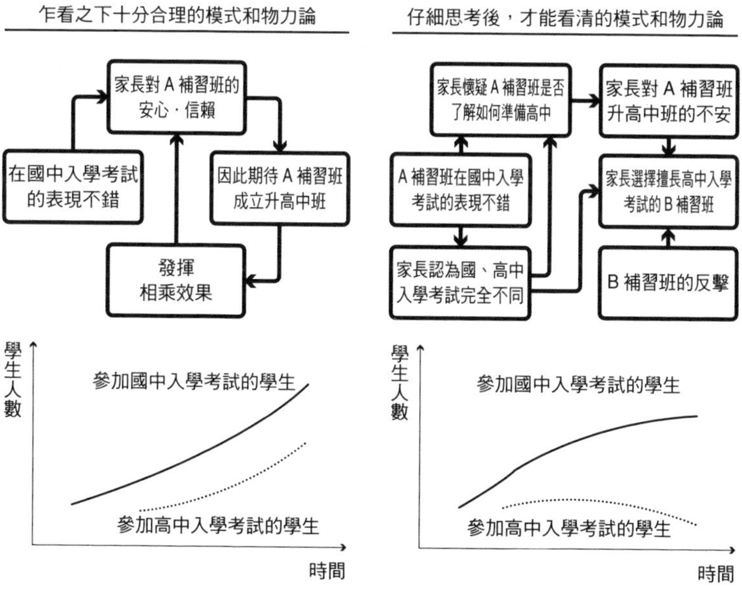

思考接下來會引發的物力論，便可逐漸看清未來會形成的物力論圖形型態，並且據此思考本質上究竟該採取哪些策略。

在這個例子當中，可以看出A補習班自己出資開辦高中補習班的策略，一定不會有光明的未來。說不定，最快的方法會是收購在業界已頗具盛名的高中補習班，再思考後勤部門的相乘效果，以及如何活用顧客的資訊，才能找出真正有利未來發展的新策略。

4-7 解讀物力論的方法①思考變局點

現象的變化一定有分界點

接下來要討論的，與其說是改變觀點、找出物力論，倒不如說是可以從物力論中領悟到什麼。也就是在物力論中尋找解決問題的線索，並擬定對策。

第一個關鍵是尋找「變局點」。各位可能會覺得這個名詞有點艱深，簡單來說就是分界點的變化。

我以職場工作為例來說明。剛進公司時，通常會先學習製作資料的順序，或和客戶相處等基本技巧；過了一陣子，需要改善製作資料的技術，以及強化更能與客戶順利往來的能力；累積更多經驗後，或許就需要能夠發揮團隊力量的工作心法，以及培育後輩的能力。

所謂變局點，就是某種處境開始發生改變，重點逐漸轉移的時間點，一如**圖表 4-8** 所示。

在許多商業界的案例中，洞悉變局點是非常重要的。舉例來說，為了降低汽車輪胎對環境造成的負擔，亦即為了降低二氧化碳的排放量，必須做些什麼呢？

一開始想到的，應該是如何減少輪胎和地面的摩擦，才能降低耗油量（當然，摩擦力太弱也不妥

圖表 4-8｜工作上的變局點

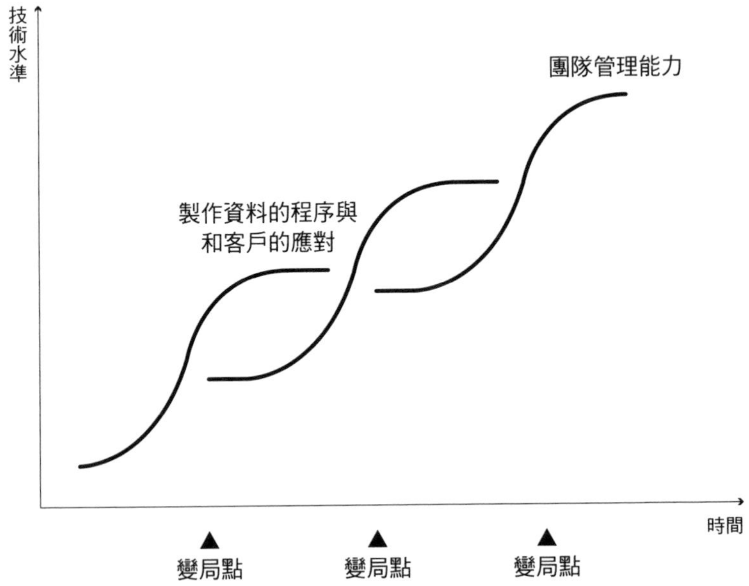

當）。但是，藉由輪胎降低耗油量的效果，很快就會變小。

這麼一來，對環境衝擊相對變大的，就是輪胎的生產了。也就是說，將原本在製作輪胎時會用到的石油提煉物，改以其他材料取代，或是在生產過程多下點功夫，以減少二氧化碳的排放量等，就變得非常重要。

這個對策也告一段落之後，就可以將重點轉移到如何讓輪胎變得更耐用，以減少輪胎的消費量。例如，最近大家也開始使用只需更換輪胎表面，能讓輪胎被重複利用的再生輪胎（retread tire）。

提高輪胎的產品性能↓改變材料↓改善生產過程↓改變消費習慣，從這個例子就能看出在輪胎的領域中，關鍵要素會隨著時間軸而出現動態變化。在大多數的商業競爭中，能否確實掌握這樣的變局點，便是制勝關鍵。

也就是說，想真正解決問題，就必須思考「變局點會以什麼形式出現？」「會在什麼樣的時間點出現？」

ESSENTIAL THINKING

4-8 解讀物力論的方法② 必須考慮到「相變」

將物力論轉變為非連續的相變

除了重要的關鍵會如流水般慢慢轉移，事物本身的樣貌或形態（即本文所稱的「相」）也會發生極大的轉變，一旦發生這種變化，沿著時間軸發展的物力論就會變成非連續性的。

在自然界中，最容易理解的例子就是水。即使同為H_2O，水和冰就擁有截然不同的特性，這就是因為「相」已經從水轉變為冰，而這種變化就稱為「相變」（phase transition）。

以日常生活中的例子來說，不愛讀書的孩子突然提起幹勁開始用功、原本不振的客戶開發突然變得順利，都可以稱為相變。

孩子開始讀書，可能是因為發現讀書很有趣，或是知道了如果不讀書，將來就沒希望，所以鼓起幹勁；而客戶開發的例子，則可能是因為掌握到關鍵的訣竅，所以開始變得順利。

思考物力論時，必須理解這樣的相變會在何時發生，因為，相變發生之前和之後的解決策略，應該有所不同。

在半導體產業中看到的相變

接著就用半導體產業的例子來思考看看。從時間軸來看，剛開始發展半導體產業時，需要進行大量研究，還得投資生產用的大規模設備。因此可說，半導體是一種在初期需要大量資金的產業。

開始生產之後，以大量生產來操控市場就成為關鍵，若非如此，投資就無法回收。而且，半導體是一個技術革新相當快的領域，必須將賺的錢拿來作為下次投資的資金。

若能考慮到這樣的時間發展，就可以發現應該要比對手更早進行「投資（Commitment）→提高競爭力→大量販售→獲利→下一次投資（Scrap and Build）」的物力論。金錢的進出，也就是所謂的金流，會沿著時間軸呈現出巨幅震盪的圖形，如果想改變這樣的圖形，需要大膽且快速的決策和投資。一點一點地投資、一點一點地拚戰，不可能在這個產業中闖出一片天，因為其中潛藏著能否大膽行動的「鬥雞博弈」（Chicken Game）結構。

結果，最後會呈現勝者全得（Winner Takes All）的狀態。韓國企業在這種鬥雞博弈中，就是靠著整個國家的力量取得勝利。

以半導體的例子來說，在鬥雞博弈這個「相」形成之前，日本企業非常強大，因為在那個時代中，半導體中的每一種產品，都各有不同的用途，必須根據目的進行客製化生產，由於種類被畫分得很細，所以鬥雞博弈的要素不是很明顯。

不過，在市場規模變大之後，因為個別製作的效率太差，於是轉變為大量製造可被廣泛使用的半導體，只要在使用方法上多加琢磨，就可以大幅降低成本，往標準化邁進。

半導體產業也因此發生了相變，制勝關鍵從生產各種不同產品，轉變到大量生產通用產品，日本企業的競爭力從此大幅下滑。

造成相變的兩個原因

「相」發生轉變的原因，大致分成兩種。一種是像花粉症一樣，體內累積的敏感物質超過臨界值，也就是模式中的庫存量已經氾濫。

另外一種則是影響模式的關鍵要素（特別是「影響者」和「競爭關係」）發生遽變。以商業來說，像是顧客的需求發生巨大變化、技術出現重大革新，或是競爭對手採取了全新的作戰方式等等。以日常生活來說，就是結婚、生產或換工作等，當環境出現大幅的變化時。

一旦「相」發生轉變，物力論就會產生巨變，面對的課題或解決問題的答案也會發生改變，因此必須加強注意庫存性要素，以及會造成巨大影響的外在因素。

德國鋼鐵產業的相變

在此介紹一個相變的實例。**圖表4-9**是德國的GNP和粗鋼生產量的變化，根據圖表可以得知，一九七〇年代中葉之後，GNP和粗鋼生產量已不再相關。

過去，鐵堪稱是國家命脈，鋼鐵業是非常重要的產業。在德國，鐵的生產量在七〇年代中葉，便從增加轉變為停滯，和GNP的關聯性也消失了，這個現象是由以下幾個因素所造成的。

首先，原本汽車、建築或橋樑等基礎建設都會用到鐵，但戰後重建告一段落，對鐵的需求開始減少。也就是說，庫存量已經足夠，需要的流通量逐漸減少。其次，由於生產技術革新，製造同樣的物品，需要的鐵比以前少，很多製作原料也從鐵轉變為塑膠和鋁，使得鐵本身的重要性下降，也就是說輸出目標減少了。

此外，中國等新興國家崛起也是原因之一，這是因為競爭關係產生變化而造成的影響。

再來是產業高度發展之後，德國的產業結構從製造業轉變為服務業，也是其中一個原因。因為這些因素，德國在七〇年代中葉出現了產業結構的「相變」。

圖表4-9｜德國的GNP與粗鋼生產量的關係

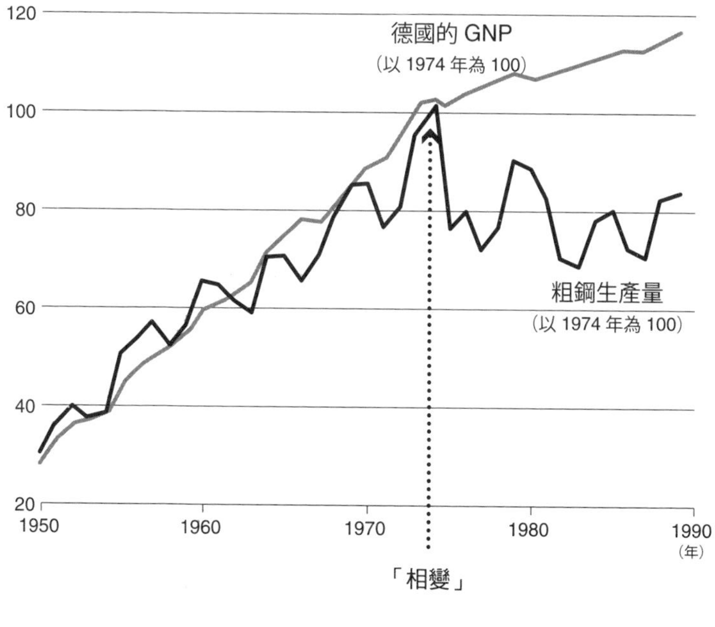

ESSENTIAL THINKING

4-9

解讀物力論的方法③
找出根源性驅動力

何謂根源性驅動力？

CHAPTER 3中已說明，探究模式時必須考慮到不同的「層面」。如果從層面觀點來看物力論，就會發現「相」之所以會發生巨大變化，是由較深層面所引發的可能性很高。一般來說，愈深的層面，對事物的影響速度就愈慢，也愈可能成為從根本改變事物的力量，這就是所謂的「根源性驅動力」。

比如你因細故和女友吵架，被對方甩了。其實你被甩的真正理由不是吵架，而是女友長久以來對你的不滿，或雙方性格上的差異。小爭執充其量不過是導火線而已，導致兩人分手的根源性驅動力，是女友心中對你的不滿程度。

解讀物力論時，必須在觀察模式的同時，追究這根源性的驅動力究竟為何。

稍早提到的花粉症，也是由某種根源性驅動力——累積在體內的花粉量所引起的。因為花粉長年累積，「相」會發生如下的轉變：「非花粉症」↓「花粉症」。

也因此無法透過醫療，將花粉症的「相」復原（至少以目前的醫學來說，花粉症仍無法根治），只能施以眼藥等治標的療法，屬於表層的對應措施。由這個例子中可以得知，我們可以把會大幅變動相的根源性驅動力，視為庫存量。

此外，因為這種庫存性的驅動力變化比較緩慢，往往很難掌握箇中變化，所以才是我們最應該注意的。如果能做到這一點，說不定就可以預防不好的「相變」，或發現解決問題的線索。

COLUMN 8

世界權力平衡的根源性驅動力，到底是什麼？

世界權力平衡的根源性驅動力是什麼呢？或許是軍力。但是，維持軍力勢必需要經濟力。若以宏觀經濟學來看，經濟發展是資本累積、勞動力提升，以及技術進步帶來的。

事實上，在漫長的人類歷史中，長期扮演核心角色的是中國或印度等東方國家，主要是因為這些國家的人口很多。

不過過去數百年，權力大幅移轉到歐美地區，就某種意義來說，這或許可說是漫長歷史中的特殊時期，起因是工業革命的技術進步，加上發現美洲新大陸，也造成大規模的人口移動，讓人類的權力平衡明顯轉移到歐美。

但是，技術在漫長的時間軸中不斷擴散，很快地變成大家共有共享。大量接受人口移動（亦即移民）的美國，雖然還想保有權力，但世界的權力平衡預計會再度回到擁有大量人口和資源的國家或地區。數百年之後，或許會再度回到由中國或印度掌握權力的東方時代。

以函數來思考

想掌握緩慢而穩健變化的世界脈動，也可以運用函數的概念。亦即以 y＝f（X_1、X_2……）的形式來掌握多數現象，將根源性的驅動力當作輸入，把結果當作輸出，試著以函數來呈現。

也可說是以函數來呈現輸入和輸出之間的本質。在商業的世界中，這樣的概念或許有點陌生，但在理科的世界，這種函數的思考方式非常受歡迎。

比方說，以前我們曾經學過，水在 4℃時密度最大，為什麼呢？因為水的密度是由分子間作用力（**分子相互吸引的力量**）和熱震動（**溫度上升，水分子就會互相碰撞**）這兩個根源性驅動力決定的。

在冰的狀態，可以看到水分子稀稀疏疏、整齊排列的構造，分子間相互吸引的力量很輕微。隨著溫度逐漸升高，水分子產生震動，構造開始崩壞，密度就會逐漸變大。當溫度升得更高之後，水分子的互相碰撞也更加激烈，又會使距離拉大，密度變小。而這兩種變化的臨界溫度就是 4℃。

如果用函數來看就會呈現 y（水的密度）＝ f（水分子的分子作用力、熱震動）的關係（圖表4-10）。

商業的世界又是如何呢？組織的運作改變時，也會出現宛如水的4℃般的關鍵。

進行組織變革時，如果真要改變組織，就必須改變組織的運作方式和結構本身；若只是改善現狀，很可能只是治標不治本的對症療法。

以這層意義來說，組織狀態與「透過改善，慢慢變好的要素」及「改變構造，從根源變好的要素」這兩個驅動力有關。而其中的第二個要素，在構造改變時，一定會造成混亂。也就是說，雖然會因為混亂而造成組織狀態暫時惡化，但就

圖表4-10｜水的密度

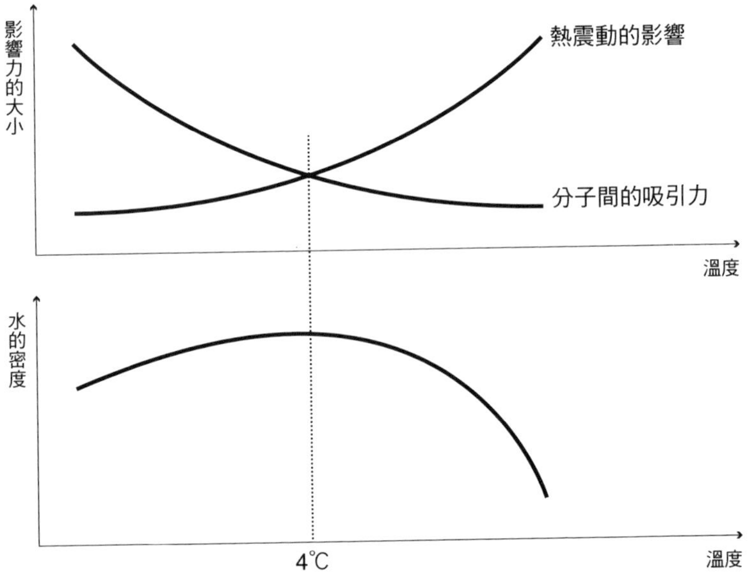

中長期來看，效果會開始變大。

這兩個因素剛好達到平衡的時候，就會成為剛剛所提的，宛如水的4℃的關鍵（**圖表4-11**）。

從這裡我們可以了解，當組織變革時，調查員工對於變革策略的意見，如果從一開始就出現好評，那很可能是變革不順的徵兆。一開始評價不是那麼好的策略，才是最適當的。

以根源性驅動力為基礎追求答案的態度，以及運用函數來思考的方法，便是解讀物力論的良好訓練。

圖表4-11｜組織的變革

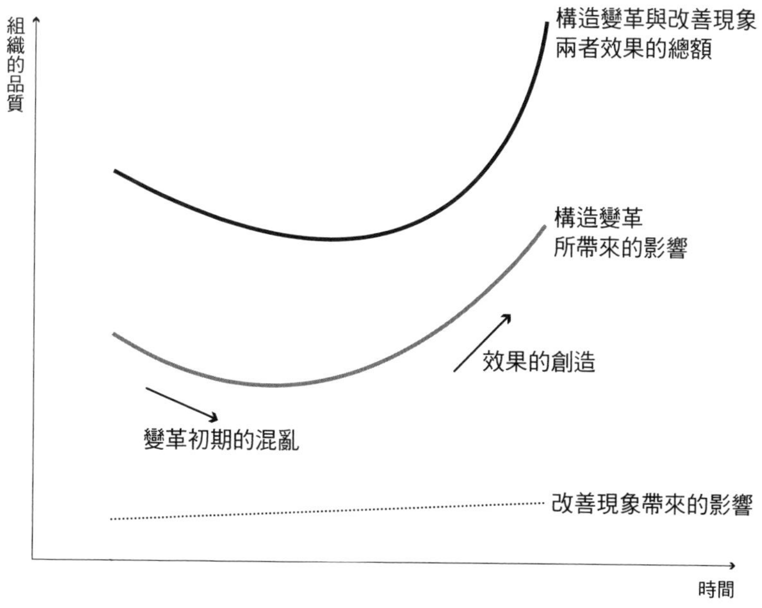

ESSENTIAL THINKING

4-10

物力論的驗證①
將思考延伸至物力論的終點

透過長時間的廣泛思考，找出從本質解決問題的線索

想要解讀物力論，需要一定程度的自由發想力。因為將事物分開、拆解，使其更加清晰的分析過程中，使用的方法多少會有些差異，必須將重點放在邏輯的「連結」，再不斷地往前發想。

因此，為了確認解讀出的物力論是否正確，不妨試著將發想延伸到物力論的終點。透過這個方法，打造出這個物力論的模式將會變得更加明確，就有可能

找到從本質解決問題的線索。

我經常建議剛加入顧問公司的年輕人：「永保積極之心。」因為，探究物力論的路上困難重重，很容易讓人灰心喪志，有很多人因此放棄了顧問的工作。

的確，顧問的工作並不容易，不可能所有事都順利進行，但也很有挑戰。因為有機會超越困難，為客戶創造價值，自己也能夠獲得成長，所以是一份非常有魅力的工作。

遇到辛苦的時候，確實會感到非常挫折，不過，此時更應該要積極努力。如果變得消極，對努力奮鬥產生懷疑，就會停止成長，然後開始推卸責任，說是客戶的要求過高，或是其他組員的能力不足，陷入以下的惡性循環：

「無法積極面對事物」

←

「覺得一切徒勞無功」

←

「推卸責任」

↓
「認為顧問工作沒有價值」

↓
「放棄顧問工作」

就算只是微小的消極情緒，都有可能讓你結束顧問之路。

因此，一開始出現負面思考時，最重要的是要馬上轉換心情，試著回想自己最初的夢想和志願。想培養自己的實力，就要把面臨的困難和艱辛當作成長的養分，因為積極努力才是成功的捷徑。試著將思考延伸至因果的終點，就可以找到物力學和策略的線索。

未來政府的角色

到底怎麼做才算是將思考延伸到終點呢？以下就以「未來政府的角色」為例，來做個思考的小實驗吧！

政治世界有兩種主張，一種主張小型政府比較理想，認為國家只要能擔負國防等安全保障、由警察來維護治安等最低限度的功能就夠了；另一種則主張大型政府為上，認為國家必須徵收重稅以提供好的社會福利，並介入市場以確保人民的工作權利。

小型政府的問題，是很多東西都隨著市場自由運作，雖然有能力的人會變得富裕，也非常自由，但也可能造成許多人生活貧困。

另一方面，大型政府徵收的稅金很高。如果稅率達到百分之八十，就等於個人賺錢時間的百分之八十，都歸政府所有。也就是，個人的自由將被政府剝奪，陷入不知自己「屬於」誰的狀態。

但是，屬於政府運作根源性驅動力之一的科學技術，日益進化。

比方說，近年很流行的「大數據」一詞，雖然終有一天會被世人遺忘，但是，它的本質確實掌握了個人需求，這麼一想，問題就不是剛剛所討論小型政府好，還是大型政府好的單純二元論。

以客製化的形式滿足客製化的需求，就可能形成大小適當，也最有效率的政府。

而且，官民的界線可能會變得模糊不清，例如未來說不定可以由企業來經營地方自治體。

這種「民營化」的變化，不只可以有效率的經營，或許也在預告著，官、民的區分在未來可能會失去意義。

ESSENTIAL THINKING

4-11

物力論的驗證②
是否可以把它變成故事

看得到模式和物力論，就可以講故事

有個簡單的方法可以確認是否已經看懂物力論，那就是「能否把它的故事說出來」。如果可以，就可以視為某種東西具有「為什麼、發生什麼變化」邏輯的證據。

模式要在紙上用圖像來表現（平面的二次元）；而物力論則是作用・反作用沿著時間軸的連續運作。因此，物力論應該是文章的線性發展，也就是說，可以用故事來表現。

如果你去閱讀教人寫小說的書，一定可以看到上面寫著：故事，就是提出一個謎題或不可思議的事件，以及慢慢解題的過程，或是「什麼」＋「做什麼」＋「有什麼變化」的過程。

比方說，忠狗八公的故事就是「狗」＋「持續等待主人」＋「變成銅像」的故事；而鶴的報恩則是「年輕人」＋「不遵守約定」＋「錯失幸福」的故事。

請大家回想一下，本書前言中提到的檢驗儀器製造商的例子。B公司在顧客身上費盡心思，因此提升了市占率，轉化成故事的形式就是：「B公司」＋「採納顧客的創意」＋「在競爭中獲勝」。

再把它變成長一點的故事就是：「B公司」＋「對既有的產品，進行新的思考」＋「採納顧客的創新發想」＋「消除業務和開發部門之間的組織隔閡」＋「提高組織力」＋「在競爭中獲勝」。

如此一來，便能更加接近本質——之前沒有發現的顧客創新發想、努力打破組織成見的重要性等，都會在故事中清楚浮現。相反的，如果無法轉換成故事的形式，就表示現在建構的物力論，一定漏掉了某些東西。

能夠說出引人入勝的有趣故事時，就有可能發現過去看不到的模式，徹底解讀物力論。所謂從本質思考，絕不是一件辛苦的工作，而是可以清楚發現過去未能看見的東西，體會到箇中樂趣的快樂之事。

CHAPTER 5

本質思考的步驟 ③
尋找改變模式的策略

—— 找到槓桿點

ESSENTIAL
THINKING

ESSENTIAL THINKING

5-1 想徹底解決問題，就要改變模式

光是改變現象，肯定會失敗

在前面的章節，已經說明了探究現象背後的模式和物力論（亦即本質的真相）的方法和觀點，即使還談不上完全懂了，至少應該已經有了大致的概念，知道從此任何事都可以從本質開始思考。

因為掌握一切事物的「本質」，本來就不是一件容易的事情。不過，到這個階段為止，只要大家都能感受到本質思考的精髓就夠了，接下來就必須在實踐的過程中慢慢學習。從現在開始，我們就要進入從模式和物力論，找出解決問

題的策略和方法的步驟。

想要從本質解決問題，就必須回到模式本身。**光是改變現象，而沒有改變模式，最後都會回到原狀，有時甚至會讓原來的問題更加惡化。**

一般來說，存在於現象背後的模式，就算有很大的問題，運作得很勉強，但因為存在已久，解決問題時如果只改變現象，背後的模式就會自動加以抵抗。

更進一步說，愈是勉強只改變現象，模式的反彈就愈大。唯有改變模式，才能徹底解決問題。

如何阻止美俄的軍備競賽？

CHAPTER 3曾以美俄軍備競賽為例，說明正循環。在正循環的模式中，絕對無法阻止軍備擴充。即使靠著兩國的同意勉強暫停，但因為模式沒有改變，只要發生一點芝麻小事，就會再度回到正循環，甚至還會造成更大規模的軍備擴充。

想阻止軍備擴充，需要不同的循環，例如建立一個與國際社會連結的機制，將發生核戰後人類滅亡的恐怖程度傳達給國際社會，也就是在正循環中創造出反向（平衡）效果，讓模式出現變化。如果因果沒有朝相反方向開始運作，問題就無法解決。

當因果開始往相反方向運行時，原本軍備「不斷增加」的物力論圖形，便會逐漸轉向成為「收縮」的圖形（圖表5-1）。

想解決問題時，必須徹底研究引發問題的模式和物力論，並藉著改變模式，扭轉從模式產生的物力論和現象。

圖表 5-1 ｜ 改變模式才能徹底解決問題

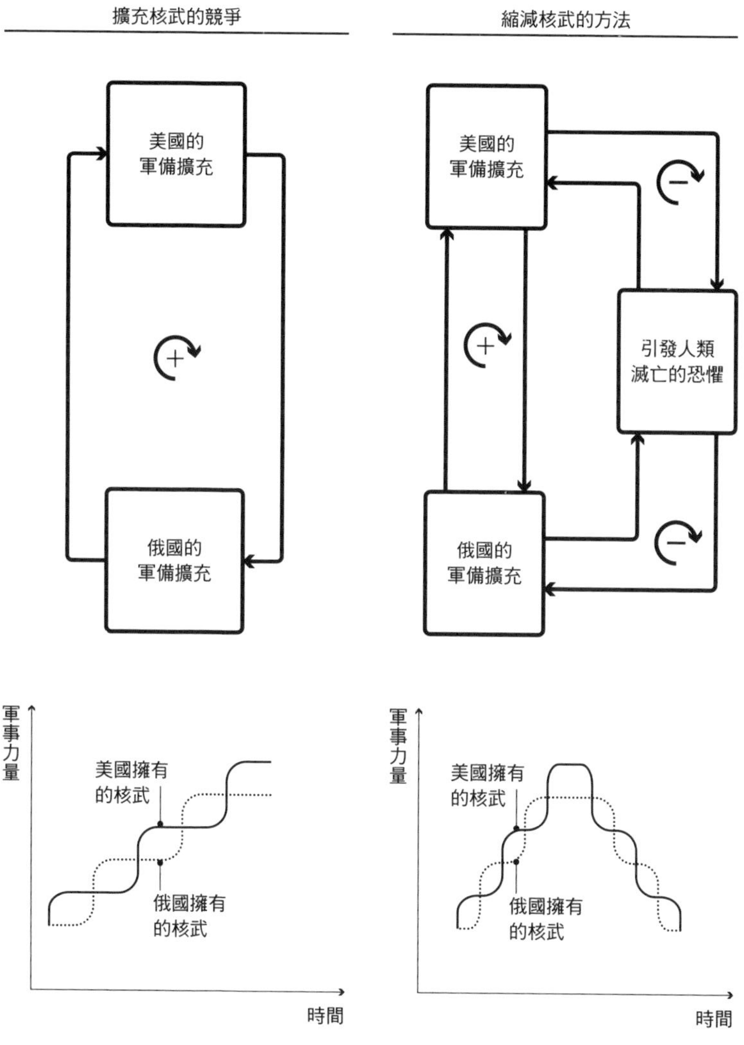

5-2 找尋改變模式的槓桿點

引發巨大變化的楔子＝槓桿點

之前已經多次提到，解決問題的方法有兩種類型：一種是治本的徹底治療，一種是治標的對症療法。

由於對症療法的效果無法長期持續，有時還會出現副作用，所以大家當然都希望能徹底治療。在系統動力學的思考中，也認為「治療方法比疾病本身問題更大」。總之，本質思考就是以徹底治療為目標。

不過，若過度追求徹底治療的目標，想將運作已久的現有模式，整個打掉重練，需要很大的力氣。

因此我們要追求的是，**在模式和物力論的基礎上，找到改變模式的槓桿點，並活用槓桿原理改變模式**。先從單點突破，小地方開始改變模式，就能影響模式整體，然後再慢慢進行能引發巨大效果的策略。

以這層意義來說，所謂的槓桿點，便是以最小的努力，創造最大效果的訣竅。

如何找出槓桿點？

尋找槓桿點，雖然沒有一定的準則，但卻有一些祕訣。

比方說，其中一個祕訣就是——槓桿點與根源性驅動力有關，很多時候那就是模式中的庫存性要素，例如，累積在大氣中的二氧化碳含量（庫存量），就是地球暖化的關鍵。

說到如何運用槓桿點，增加可以影響根源性驅動力的循環，或者乾脆拔掉庫存性要素的「塞子」（最簡單的例子，就是拔掉浴缸底部的塞子，水就不會溢出來）都非常有效。

比方說，因為太忙碌，沒時間和女友見面，因此發生口角，讓兩人的關係陷入危機，這個時候你該怎麼做才好？

這個例子中的根源性驅動力，就是女朋友的不滿程度，一旦超過臨界值，你就會被女朋友甩掉。所以最好的方法就是在兩人關係（也就是「模式」）中，建立定期降低女朋友不滿程度（庫存）的「循環」。

如果女友的興趣是網球，就把每個月的第一個禮拜天訂為「網球日」，固定一起去打網球。若能事先安排好，不但不用怕忘記，也可以預先將工作排開，因此設定「網球日」這件事，就是突破槓桿點的解決策略。在這一章中，將介紹如何尋找可以有效改變模式的策略。

COLUMN 10

如何減低紐約的重大案件發生率？

深受重大犯罪所苦的紐約市長魯迪．朱利安尼，為了遏止重大案件發生，曾徹底取締地下鐵的塗鴉和扒手等小型犯罪。結果，重大案件的發生率也跟著大幅降低了。

透過取締小型犯罪的策略，就能在重大案件發生的前一個階段，打造不容易引發犯罪的環境，有效減低重大案件的發生。因此，取締小型犯罪，就成了改變紐約治安模式的槓桿點。

在我們身邊也有透過找尋邏輯、追究真正原因，而成功改變模式的例子。以高客戶滿意度聞名的汽車零售商本田汽車神奈川北分公司，為了讓客人上門，或者說，為了讓全公司了解接待客人該有的基本態度，每天早上，所有員工都要從八點半開始，花一個小時的時間，徹底打掃店家四周約一公里的步道。

希望大家不要誤以為，只要打掃環境就能提高客戶滿意度，而是因為在這個例子中，產生了打掃↓養成工作的基本態度↓提高接待顧客的品質→顧客滿意→達成事業成就的因果關係。而「打掃」就是一個槓桿點。

大幅改變模式真的很不容易，為了找到「以最小努力，創造最大效果」的槓桿點，一定要全力運用智慧和時間，從本質開始思考，絕對有利無害。

ESSENTIAL THINKING

5-3 尋找策略的祕訣①
徹底看清前提條件

否定前提，才有豐田汽車的看板管理系統

接下來，就為各位介紹有助於找出槓桿點與策略的五個祕訣，第一個就是要徹底看清前提條件。

在ＭＩＴ的營運管理課程中，便以豐田汽車著名的看板管理系統為例，告訴我們徹底看清前提條件的重要性（在我留學的一九九五年期間，美國還瀰漫著效仿日本的氣氛）。

誠如眾人所知，豐田汽車的看板管理系統，就是只在必要時補充必要的東

西，而且僅限必要的份量，避免出現庫存等浪費的生產方式。

這和原來的庫存管理方法，也就是為了降低成本，讓訂貨費用和庫存管理費用保持平衡的做法，很不一樣。

訂貨時，一定會產生包含人事費在內的成本，所以訂貨的次數愈少愈好；不過，一旦降低訂貨頻率，單次的訂購量就會變大，這樣又會提高庫存管理的費用。所以一次要訂多少貨、多久訂一次貨、如何讓訂貨成本和庫存成本達到最好的平衡，就變得非常重要，甚至還發展出計算的公式。

而豐田汽車的看板管理系統，就是因為對上述想法的前提（亦即保有庫存這件事）有所懷疑。一旦前提不成立，這個公式（即使邏輯是正確的）就變得沒有意義，因為生產方式本身的結構也會發生改變。這個例子完全說明了，一旦前提不成立，就會改變模式和物力論。

在CHAPTER 2中的約會吵架事件，就是典型的失敗案例，因為我沒有注意到「週間晚上」和「假日白天」這兩個前提條件完全不同。

此外，他人思考出的結論，最好也不要盲目接受。比方說，不管是誰說「XX市場很大，很有吸引力，應該馬上加入」，都必須先懷疑這個前提，謹慎思考以下事項：

- **市場的成長是否只是一時性的？**
- **為什麼其他公司沒有加入？**
- **如果自家公司加入該市場，能否打造出競爭優勢？**

魔法詞彙：「究竟」

在邏輯思考或批判性思考的世界，經常可以聽到「然後呢？（So what？）」「為什麼？（Why so？）」「真的嗎？（True？）」等用字。如果想讓思考合乎邏輯，這些都是非常有力的關鍵字。

但若是站在懷疑前提的角度，我認為還有一個關鍵字也很重要，那就是「究竟」。

本質思考最重要的出發點，就是不盲目接受眼前的課題或問題，而要把焦點放在背後的模式。因此要以「究竟……？」懷疑你碰到的問題是否就是真正需要解決的問題，或現在做的事最初的目的是什麼。然後，再思考到底是什麼樣的模式和物力論，引起眼前看見的問題。

比方說，當工作排山倒海而來的時候，可以先思考「究竟為什麼有這麼多事情要做？」

忙得焦頭爛額時，大家很容易一味的煩惱該如何完成眼前大量任務。但是，如果你試著問問自己以下的問題：「究竟為什麼要做這個工作？」「客戶期待的究竟是什麼？」就可以看清有哪些事不需要現在急著做，或是正在做的事多麼沒有意義，最重要的是，還能找出現在真正需要做的事。

在探究眼前的問題之前，我希望大家可以一邊思考模式和物力論，一邊問自己「究竟……？」或許可以很意外的發現具說服力又有效果的策略。

ESSENTIAL THINKING

5-4

尋找策略的祕訣②

原因和結果不見得很接近

克里斯汀生教授的教誨

第二個祕訣，則是不受限於眼前的事物。系統動力學中有一個概念：「原因和結果，在時間或空間上不見得很接近」，尋找槓桿點時，最好可以常把這句話放在心上。

比方說，公司因為創新不足而煩惱時，可能有人會認為，擴大總公司的研發部門，應該立刻就能改善這個困境。這就是以為問題可以「馬上、在這裡」解決的想法。

不過，新的東西很有可能會讓既存的東西顯得陳腐。說不定，害怕被取代的既有組織，反而會變成抵抗勢力，破壞新芽，使所有事情都無法順利進行。

如果這樣，離開總公司，在小型團隊努力醞釀創意，或許更接近正確答案，可以稱之為「將來、在其他地方」解決問題的思考方式。在邊疆地帶產生的創新發想，將來說不定可以拯救總公司，甚至整個企業，而這就證明了剛剛所說的：「原因和結果的時間性．空間性，不見得是接近的」。事實上，這個觀念是由哈佛大學的克雷頓．克里斯汀生教授（Clayton M. Christensen）所提出。

再舉一個簡單的例子，像「營業額減少」→「設法提升營業額」這種把現象的反面當成結論的邏輯就太簡單了。事實上，「營業額減少」可能不是銷售的問題，而是人事的問題；也可能不是現任社長，而是前任社長就造成的問題。從這個例子中就可以理解，問題與其答案，在時間或空間上不見得緊緊相連。

ESSENTIAL THINKING

5-5

尋找策略的祕訣③
將思考範圍擴展到有影響的範圍

不要在狹窄的範圍內思考

第三個祕訣，則是擴大思考範圍，並且問自己「是否已經考慮到所有可能相關的要素」。

也就是說，必須努力將思考延伸到可能對問題造成影響的最大範圍。最理想的態度，是「思考的範圍」＝「有影響的範圍」，讓兩種範圍一致。

因為，沒有考慮到的因素，也可能對問題造成極大影響，使你陷入「完全沒想到會那樣……」的困境。

拓展思考範圍，不但可以提升想到的策略的自由度，也會增加找到解決方法的機會。

優秀的面試官錄用人才時，考慮的是什麼？

比方說，招募年輕顧問時，如果面試官是思慮周全廣泛的人，他獲得的回饋也會非常廣泛，導出的結論就會更加精確。

「本公司是否應該錄用A先生」的問題，A先生有沒有足夠的能力成為顧問，當然是很重要的條件，不過，可不能只以這一點來做判斷。擔任顧問的潛力，只是諸多必須思考的要素之一。

下列要素，也會影響被雇用後的A先生能否有良好的表現：

- **本公司的文化，和A先生的性格是否契合？**
- **本公司是否能夠提供讓A先生盡情發揮能力的機會？**
- **對A先生的職涯來說，進入本公司是否是好的選擇？**

- **其家人是否支持A先生辭掉原任職的某家大企業，進入講究專業能力的本公司？**
- **A先生的做事方法，是否適合本公司的客戶？**
- **雇用A先生擔任○○職務，其他員工能否接受？**

不只是當事人本身，公司的工作、與其他員工的關係，以及當事人的家人等等，都會影響雇用A先生之後的結果。而思慮周全的面試官，面試時一定都會注意這幾點。

5-6

尋找策略的祕訣④
改變看問題的角度和立場

心思不要全放在眼前的問題上

第四個祕訣，是改變看問題的角度和立場，不要只專注於眼前的問題。有時候，我們會把「應該解決的問題」和「現在想解決的問題」弄混淆了。

舉個很常見的例子。為了考大學而努力讀書時，不知不覺會把精力花在解開艱深的問題上，但解決艱深的問題並非原本的目的。以大學入學考試的規則來說，真正的目的應該是考上心目中的理想學校。

若從考試規則的結構來思考，只要取得較高的總分即可，所以，放棄那些艱深的問題，想辦法在基本題拿到高分，或是選擇把那些問題的解題模式記下來，都是可行的策略；也可以在眾多科目中，找出可以放棄哪些科目，集中火力在哪些科目盡量拿高分，藉以提高總分；若有無論如何都想進入某學校的決心，也可以選擇重考，藉以增加準備應試的時間。

總之，就是不應該受困於「解開艱深問題」的陷阱中，一定要改變觀點，重新思考入學考試戰爭的模式為何，才是上策。

至於在商場上，如果只注意到眼前的問題，很容易就會戴著那個問題的眼鏡看待其他事物，使視野變得偏頗、狹隘。若問題設定有誤，就無法徹底解決問題；拉高看問題的視角，才可以降低視野變窄的風險。為了有效解決問題，必須讓自己回到正確的問題設定上。

檢討戰略時的失敗經驗

有一次，我和團隊成員一起討論某家經營太陽能、風力和地熱等再生能源的企業的成長策略時，就曾經掉進這個陷阱。我們埋頭分析事業的類別屬性，整個團隊都被眼前的問題困住。

具體來說，我們不慎把問題的本質從「應該如何成長？」誤認為二選一的「要進軍新事業A？還是新事業B？」而把最重要的「應該如何成長」拋諸腦後。

事業A是當時尚未充分發展的未來市場，事業B則是已有強大競爭對手存在的龐大市場。雖然各有不同的特徵，但以長遠的眼光來看，兩者的利潤顯然都不在裝置的開發或製造，而是營運和維修。

也就是說，不應該站在事業單位的角度，而是要以長遠的眼光，改變觀點，思考如何提高事業的維修能力，或是到某地區進行實際測試，再和兩種領域中表現不錯的廠商攜手合作，這樣的答案才會比較接近問題本質的「應該如何成長」。

不要弄錯問題的真義，尋找槓桿點時，改變看問題的態度與立場，也是非常有效的線索之一。

5-7 尋找策略的祕訣⑤ 試著思考「如何思考」

為了解決問題而準備

最後一個祕訣有點特別，雖然無法直接將結果導向找到槓桿點，卻是一個非常有用的概念，那就是持續思考「要如何思考？思考什麼？」的態度，也就是說，要仔細想想思考的順序和判斷標準。

我們雖然在生活和工作中做了各種不同的思考，然而很多時候，解決了什麼才算是徹底解決問題；或者，把什麼弄清楚之後才能做決定，其中的判斷標準並不是那麼具體。

比方說，要推出新事業時，一定會想知道市場規模、具體的目標顧客是誰等資訊，也會想知道自家產品和競品的差異。

不過，如果被問到「市場規模多大，才打算加入？」「比較自家與別家產品時，若有勝有敗時該怎麼辦？」很意外的，常有人回答不出來，這就是沒有準備好「做出決定」與「解決問題」，導致未能充分推敲出什麼東西才是最重要的。

如果是這種狀況，不管再怎麼思考都不會有結論。先想好思考的順序和判斷標準，不但能加快解決問題的速度，對找到策略也頗有助益。

跳過解不開的關卡，難題就能迎刃而解

現在，我們換個心情，利用下面這個算數問題來動動腦吧！這是小學程度的問題，所以請不要使用√解題。這個問題可以提醒大家如何思考的重要性。

【問題】

在邊長4㎝的正立方體，切下如**圖表5-2**所示的三角錐IJKA之後，剩下的不規則立方體和切下的三角錐體的表面積相差多少？附帶說明，IJK分別位於正立方體各邊的中點。

圖表5-2｜立方體與三角椎體

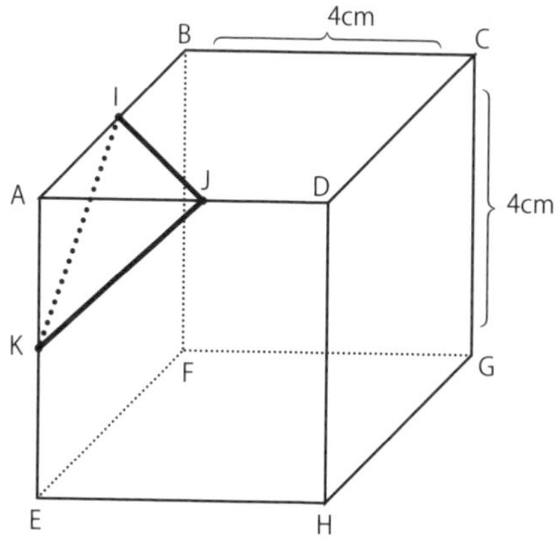

【答案】

解題的關卡在於，無法算出三角錐體IJKA底面IJK的面積，也就是說，無法先算出各個立方體的表面積之後，再來計算兩者之間的差。

但是，如果你仔細思考就會發現，事實上不需要算出IJK的面積，只要先弄清楚兩個立方體的表面積差，就能解答。

如果把一開始的立方體表面積當作A，底面IJK當作B，三角錐體除了底面之外的面積當作C，題目要求的表面積差就是

（正確解答）＝（剩餘立方體的表面積）－（三角錐體的表面積）

＝（A－C＋B）－（B＋C）＝A－2C

這麼一來，B就消失了！因此答案就是96 cm^2減去12 cm^2（3個2 cm×2 cm直角三角形面積的2倍），也就是84 cm^2。

這個問題不能只是埋頭計算，必須仔細想一想要怎麼做才能解開問題。

想一想思考的步驟，只要單純思考解決問題時真正需要做的事情就好。

CHAPTER 6

本質思考的步驟④

採取行動，從實踐中得到回饋

—— 實踐的重要性和兩個個案研究

ESSENTIAL THINKING

6-1 從實踐中得到的回饋，可以提高本質思考的精確度

不斷重複步驟①到③

想依循本質思考的路徑，尋求可以從根本解決問題的策略，就不能依賴一蹴可幾的答案，而是要徹底研究模式和物力論，踏踏實實的讓想法逐步成熟。為了不斷重複步驟①到③，進行思考實驗，你需要理性的忍耐力。

在尋找答案的過程中，必須要忍受怎麼都想不清楚的渾沌帶來的不舒服，持續不斷的繼續思考。最怕的就是輸給不知能否徹底理解的不安，導致思考陷入停滯。

徹底思考，找出槓桿點（讓模式改變的小契機）後，試著讓別人聽聽自己探究出來的對策。用公開發表的態度，把想法說給別人聽，對思考很有幫助。

或許大家都有同樣的毛病，沒有設下期限的工作，不知不覺就會一直拖延，但只要有期限，就不得不朝這個目標努力。

當我發現自己拖拖拉拉、不斷拖延時，就會跟客戶約好拜訪的時間或是交件期限。這麼一來就得開始行動，也必須規劃開會或交件前該做的事。

為了輸出（提出論點），必須要先輸入再思考，這就是提高思考力的基本循環。

蓄勢待發，開始行動

最後，就是步驟④的採取行動了。最理想的情況是在步驟①到③中，就可以看清問題的本質，但情況往往無法如願，所以只好實際去做，從實踐中得到回饋，並加以活用。

有人認為，人無法想像沒有經歷過的事；也有人說，唯一的成長機會就是從失敗或成功的經驗中學習。所謂的回饋，就是這麼重要的事。

我就舉許多人都曾經歷過的事為例來說明。大家第一次帶領部下時，應該都想當一個好主管，甚至期許自己做個可以理解、照顧下屬，且身先士卒的領導者。這是很自然的想法，因為這樣能提高彼此的信賴關係，打造出大家團結一致的正循環。

但是，就算試著設定達到這個目的的模式，並且採取行動，很多時候也沒有辦法讓團隊的能力徹底發揮。於是，大家會慢慢開始發現一件事。

那就是部下追求的，並不只是可以輕鬆工作的環境或善良的主管，部下也希望可以成長，對公司和客戶有所貢獻，受到大家認同，做些有意義的事。

這麼一來，身為領導者該如何行動就非常重要，更要緊的是，領導者是以什麼為目標。因為部下追隨的並非領導者個人，而是領導者追求的目標。許多人應該都是在每天的管理中採取行動，從實踐中得到回饋，並且慢慢發現這個事實。

實際檢驗自己探究出的模式和物力論是否精確，從實踐中得到回饋，藉以提高思考的精確度，就是本質思考的方法。

ESSENTIAL THINKING

6-2 如果模式可以改變，就能解決問題

複習本質思考的流程

步驟①到④說明了本質思考的問題解決流程。現在，讓我們回頭再看一次。

步驟① 建構模式

步驟② 解讀物力論

步驟③ 尋找改變模式的策略

步驟④ 採取行動，從實踐中得到回饋

這些正是解讀模式和物力論、找出槓桿點，以及改變模式的步驟。當潛藏在現象背後的結構發生變化時，就會產生某種新的東西。

在此，我就舉一個生活中的例子。比方說，下定決心存錢，卻一直存不了錢（當然，這個世界上也是有人熱愛節儉、擅長儲蓄……）每當手上有一點點錢時，雖然想著要存下來，卻總是被欲望打敗，又花得精光；就算用每個月定存強迫儲蓄，也會因為手頭突然變緊而解約……類似的狀況都很常見。這就是「眼前的金錢」→「用錢的欲望」、「生活變得辛苦」→「放棄儲蓄」循環強力運作出來的模式。

面對這種情形，我有個朋友採取了大膽的策略，他很年輕的時候就貸款買了房子。房子是生活必需品，如果是租屋，就必須付租金，租金是流通量；但買了房子之後付的貸款就變成庫存量。當貸款付完後，就等於得到「房子」形式的儲蓄。

而且，貸款是有強制力的。也就是說，我的朋友先得到了相當於儲蓄的東西（也就是房子），再利用有強制力的貸款，將原本總是存不到錢的模式，改變成能夠存錢的模式。

事實上，貸款還有其他的附加效果。我那位自覺背負著債務而感受到壓力的朋友，很努力的加快還錢的速度，這也可說是從實踐中得到的意外收穫。

請大家務必依循本質思考的四個步驟：建構模式↓解讀物力論↓從「無法解決問題的答案」中開闢出一條道路↓找到「能徹底解決問題的答案」。

以下，我就舉兩個依照這些步驟，鎖定本質，徹底解決問題的實例，請大家看看其中過程。第一個例子是關於推廣新產品的迷你個案，第二個則是某家企業的業務改革計畫。

科學，也是因為本質思考而進步

本質思考的方法，對世界的進步也有很大的貢獻。因為自然科學或社會科學的進步，都是藉著解讀現象背後的模式或物力論而得到的。

愛因斯坦的相對論，就是一個很好的例子。愛因斯坦懷疑我們每天都在經歷的現實（亦即「時間總是以同樣的節奏前進，空間確實存在於眼前」），於是開始研究本質，因而發現了宇宙的模式是時間的進行方式會變化，空間也會歪斜，讓宇宙的真實模樣變得更加清楚。

近年財務工程（Financial engineering）的進步，也是一個很好的例子。財務工程的進步，是因為了解了股價變動背後的模式和物力論。金融市場和水面上懸浮微粒的不規則移動現象（名為「布朗運動」〔Brownian motion〕），有相同的模式和物力學。

科學家努力了解複雜世界的本質，才得以推動科學的進步。創造出各種現象的，是潛藏在背後的模式和物力論。理解模式和物力論之後，科學就能往前跨出一大步。

ESSENTIAL THINKING

6-3

個案研究①　A先生的新產品推廣

個案概要和背景

任職於原料製造商的A先生，最近被分派到新的部門，奉命推廣一種功能非常出色的新原料，很適合用來製作化妝品。新原料在公司被當作主力產品培育，備受期待。

A先生一開始預設的模式是「向化妝品製造商介紹新原料」→「對方了解新原料的優點」→「營業額大幅增加」，沒想到事與願違，產品幾乎賣不出去。

事實上，真正在運行的模式是「化妝品製造商不相信新原料」→「賣不出去」→「口碑無法擴散到其他公司」。

步驟① 建構模式

不管再怎麼努力說明新原料的功能與優點，目標客戶化妝品製造商還是無法理解，當然也不願採購。因此，A先生開始仔細探究產品滯銷的理由，想找出真正的原因。後來，他建立了一個假設。

A先生的公司並不是一家大公司，而是中型企業。過去，他們跟化妝品製造商沒有生意往來，因此，對方對A先生的公司沒有足夠的信賴感。

再深入想一想，化妝品是擦在肌膚上的東西，所以品質十分重要。不管再怎麼強調新原料的功能有多出色，化妝品廠商當然還是會猶豫，於是A先生歸納出一個結論：推廣新產品時，最重要的關鍵就是**目標客戶對自家公司與新產品的信任感。**

步驟② 解讀物力論

客戶對公司或新產品的信賴，不是流通量，而是庫存量，需要多年累積的合作與成績，才能獲得。但是從現在開始花個十年、二十年慢慢累積，已經太遲了。大家期待的物力論是盡快建立起信賴感，先受到目標客戶的青睞，再讓好評往外擴散。如果能達到這個目標，就能看到「採購」→「實績」→「好評」→「營業額提高」的物力論，這是正循環所形成的「不斷增加」圖形。

步驟③ 找尋改變模式的策略

A先生找到的槓桿點，就是快速建立起信賴感。與過去的合作或實績無關的信賴是什麼？能夠提升評價的方法是什麼？經過一番苦思，A先生決定在學會發表這種新原料。

他認為，請具有權威性的第三者認同新原料的出色功能，只要能強調出產品的安全性，就可以消除客戶對自家公司規模不夠大，而且過去在化妝品領域沒有表現的疑慮。

另外，他也決定短期內免費供應大型化妝品公司使用自家的新產品。因為不管是收費還是免費，最重要的是讓大型化妝品製造商願意使用，這樣一定能將眼前的困境扭轉成「好評」→「營業額增加」模式。

步驟④ 採取行動，從實踐中得到回饋

A先生很快的請研究開發部門向學會發表這種新原料，終於，有一家大型化妝品製造商願意接受免費試用的機會。

一如預期，這個策略奏效了，新原料的銷售量開始大幅增加。但是，很快的A先生就發現自己的思慮不夠周全，因為競爭對手馬上推出類似的產品。雖然功能稍微差了一點，但競爭對手是大公司，擁有製造相同原料的研發能力，更重要的是，對手深受化妝品製造商的信賴。

A先生意識到必須提出新的策略。由於產品功能已經非常出色，因此必須從不同的層次來解決問題。也就是說，不是直接提供客戶原料，而是將原料

加工，把它變成粉狀或是粒狀，並且向客戶提出能讓產品用途變得更加廣泛的提案。如此不但是以創意取勝，同時也是A先生的公司最擅長的強項。很快的，A先生負責的新原料銷售量再度開始順暢攀升。

A先生這個例子，就是把從實踐中得到的回饋，運用於下一步的策略，最後終於成功的案例。

ESSENTIAL THINKING

6-4 個案研究②
B公司的業務改革

個案概要和背景

B公司是一家製造並販售汽車和家電機械零件，營業額高達數百億日圓的中型企業，然而近幾年營業額不但逐漸下滑，連獲利率也有隨之降低的傾向。

B公司的客戶——汽車製造商和家電製造商，工廠幾乎都設置在日本國內，全球化布局的速度非常緩慢。雖然以中期來說，客戶的工廠都可能會遷移到海外，但是B公司因為人才等經營資源上的限制，很難為了配合客戶進軍海外的計畫，也跟著遷往海外。

此外，B公司生產的零件，在日本國內已經有許多競爭對手，多為營業額數十億日圓的中小企業。雪上加霜的是，B公司的產品除了部份高階產品之外，都是一些發展中國家的製造商，只要進口生產機器，就可以輕鬆用低廉成本生產的零件。

在這樣的狀況下，B公司為了讓獲利率回升，並且慢慢提高營業額，便在社內啟動了強化銷售力的計畫。

步驟① 建構模式（之一：思考五個要素）

以製造商來說，若要增加營業額或提高獲利率，首先會想到的就是提高產品的附加價值，或是降低成本來強化競爭力。不可諱言的，身為製造商的必要條件，就是要能提升產品水準和成本競爭力。

但是，不能盲目的說做就做，為了找到最能從根本解決問題的策略，要試著建構出企業整體的模式。首先是依循以下五個要素來探究整體模式。

●輸出目標（客戶企業）

這個模式中的輸出目標，亦即國內汽車製造商和家電製造商的工廠，雖然可能會遷移到海外，但並非所有客戶的所有工廠全都遷出，一定會有工廠留在國內。例如有許多汽車製造商明確宣示過，會維持在日本國內生產的汽車數量。再者，對那些製造商來說，為了確保生產革新，並維持和研發單位的密切合作，將主要工廠留在國內，也絕對是必要的。

此外，綜觀日本國內市場，可以發現醫療、能源和食品等產業，都可能成為新的機械零件銷售對象，而且箇中商機才正要開始擴大發展。

●影響者（決定者）

對客戶來說，隨意更換機械零件供應商的誘因並不大。因為一旦更換供應商，發生狀況時會很麻煩；而且這些零件多半是運用既有技術來製造，製造過程或技術已經很穩定，不太會出現革命性的進化，也不太需要不斷研發新產品與其他企業競爭，所以技術先進與否，不會是客戶想換供應商的原因。

再者，這類零件在汽車和家電產品中所占的成本比例很小，就算客戶想降低生產成本，也很難把腦筋動到這些零件上，可以說剛好位於無關痛癢的甜蜜點。

如果客戶想從國外進口價格較低的零件，加上物流費之後，費用可能比在國內採購還高，海外產品未必具有成本競爭力。

因此，對客戶的採購或開發人員來說，並沒有足夠的誘因讓他們更換供應商。

●輸入來源

這個模式中的輸入來源，便是生產零件用的原料，因為原料價格會隨行情而變動，不是B公司可以控制的，所以無計可施。就這一點來說，競爭對手也會面臨同樣的狀況。

除了原料之外，製造零件還需要金屬模型。由於模型的精細程度，會影響生產零件時的效率，因此扮演著非常重要的角色。有的模型只須經過一次壓製就可以做出零件，有些則要經過多次壓製才做得出來，對製造成本影響非常大。

而B公司的強項，就是自行開發並打造金屬模型的能力。

●**競爭關係**

從競爭關係的觀點來看，就如在背景中描述的，零件市場屬於競爭對手多且分散的領域，不過因為轉移成本很高，市占率的變動較小，業界的變化也比較穩定。

●**協調關係**

以協調關係的觀點來看，小規模的公司在解散時，常會面臨找不到承接者的問題，也經常會出現併購的狀況，收購的企業可以接收原企業的客戶和強項；偶爾也會出現幾家公司合併成一家的狀況。

步驟① 建構模式（之二：以層面思考）

如果從不同層面的切入點來思考，就可以看見不同的要素。例如，零件在販售之前，必須從不斷試做中決定產品規格，這個階段和客戶的密切討論非常重要，這種屬於「組織層面」的能力將會是關鍵。

從這個觀點來看，B公司總是能很快地送上試做的樣品，樣品的完成度也很高，對於B公司擅長隨機應變的組織機動力，客戶都給予相當高的評價。

除此之外，為了快速做出高品質的樣品，B公司內的業務和開發部門，合作非常融洽。不過，近年這方面的表現似乎有點退步了。

仔細思考過一輪後，再來檢視B公司面臨的處境，就會發現客戶將工廠遷到海外，和營業額減少的時間點，似乎有所關連。然而，各別分析每一筆收到和失去的訂單可知，營業額下降的直接原因未必是客戶公司將工廠遷至海外。

也就是說，「客戶企業遷移至國外」→「營業額下降」看似有關，但其實並沒有因果關係。營業額下降應該另有其他因素。

步驟① 建構模式（之三：檢查模式）

試著俯瞰全體就能看出，市場環境不但沒有那麼悲觀，反而可說是不錯的狀態。以中期來看，國內市場還是有希望的，如果努力一點，甚至還可以在醫療或能源產業中，開闢出新的市場。

此外，還可以發現營業額低迷的真正原因，可能在於提供客戶高品質樣品的速度變慢了。若真是如此，那就不是事業環境的問題，而是自己內部的問題。這樣的話，就可以找到實際的解決策略。

如果可以確實找回迅速提供高品質樣品的能力，或是透過併購來擴大客戶群與提升技術能力，就算沒有隨著客戶遷往海外，還是能夠增加營業額或提升獲利率。

因此，參與提升銷售力計畫的團隊成員，以**圖表6-1**表現出B公司的模式，讓社長過目，進行討論。社長看到這種從現實直接歸納出的分析，非常開心。不管如何，在經營資源非常有限，又無法向海外擴展的狀況下，能夠找到突破現況的策略，都能讓人特別感受到喜悅。

於是，社長指示要確認從客戶的角度來看，這個邏輯是否可以成立。從社長的提醒中，計畫成員意識到，他們的確沒有徹底檢討「快速提供高品質樣品」對客戶來說有沒有意義。接下來，他們便納入客戶端的觀點，更深入的討論目前為止的發現。

步驟② 解讀物力論

從汽車製造商或家電製造商等客戶的角度仔細思考，B公司能迅速送上高品質樣品，顯然是很有意義的事。

因為在當時，汽車和家電業界剛好出現了新產品開發時間變短，以及產品過時速度愈來愈快的現象。產品的開發速度，當然會影響企業的競爭力，也就是說，B公司的對應速度愈快，客戶就愈有競爭優勢，所以當然能B公司帶來好評。

如果可以再度找回這種速度感，並且更進一步加強磨練，肯定可以大幅拉開B公司和競爭對手之間的差距。雖然方法看似有難度，但這個能力是B公司固有的庫存性能力，基礎至今依然存在於組織中。

討論到這裡，參與計畫的成員確信，這就是影響B公司業績的「根源性驅動力」。若真如此，競爭對手也無法輕易模仿（對手的反作用被封鎖）。計畫成員應該思考的重點就變成「找出能恢復強項的關鍵」。

瞭解這一點，就可以把故事看得更清楚。如果可以再度讓迅速提供樣品的機制順暢運作，當附近有競爭對手停業時，還能順利接收其客戶和技術。

若能藉此讓事業基礎更加穩固，未來想往醫療或能源產業，開拓新市場的藍圖，也會變得更具可行性，順利的話，說不定還能開始累積日後往海外發展的經營資源。這麼一來，B公司便可以將其擅長的高階零件，提供給客戶的海外工廠。從結果來說，B公司的業績可能出現「不斷增加」的圖形。

步驟③ 尋找改變模式的策略

如果能理解到目前為止的思考脈絡，就可以找到之後應該做的事。

速度，亦即迅速提供樣品的能力，或是徹底對應客戶需求的堅持，對B公司來說非常重要，因此這個案例中的槓桿點，就是消除組織間的隔閡、加強或恢復合作。

究竟過去曾經大受好評的對應能力，為什麼會變差呢？真正的原因，或許就如下所述。

如果試著將思考擴展到會造成影響的範圍，仔細回想就會發現，過去B公司有兩位身經百戰的頂尖業務和開發人員。他們同甘共苦，是攜手帶動業績成長的關鍵人物。這兩人配合得天衣無縫，領導才能也很優異，可以協助部下完成工作。但是，這兩人在五年前退休了，慢慢的，組織間的隔閡也開始加深。

B公司的業績走向衰退的起點，就發生在這兩人退休的那一刻。而且，提供樣品的速度，並非技術力的課題，而是業務和開發「之間」的課題。

根本性解決策略是如何消弭業務和開發單位之間的隔閡，讓他們再度合作。不過，也不可能再把這兩人找回來。

現在，強化業務和開發相互合作的可用之才，只有經營高層和強烈意識到問題的中堅員工。大約五到十年之後就要退休的部長級員工，怎麼樣也無法意識到危機的嚴重程度。往後還會在這家公司待超過二十年，不得不努力工作的課長級中堅社員，就成了關鍵。

也就是說，以組織的上下關係和指揮命令系統為「前提」的解決策略，勢必無法發揮功能。

因此，B公司為了突破這個槓桿點，成立了由社長親自領軍的企劃室，針對業務活動的理想狀況、KPI（Key Performance Indicator）業績管理指標，以及會議過程等等，重新進行設計。

最重要的是，為了找回完成樣品並決定規格的速度，必須想辦法把過去完美配合的那兩個人所做的一切，加以系統化。

社長將企劃室的任務期限設定為一年，所有組員都是專任的，一年後企劃室解散時，如果無法拿出成果，小組成員就必須兩手空空的回到原本的部門。對組員來說，那是非常沮喪的一件事。社長布好這背水一戰的陣仗，促使大家展開行動。

步驟④　採取行動，從實踐中得到回饋

三個月後，開發與業務之間的溝通已有改善，社長也很認同重新檢視從第一次與客戶接觸到交貨的一連串過程，尋找縮短前置作業時間的方法。但是，這個看似已經順利啟動的改革，很快地就造成業務和開發部門合作的裂痕，改善活動也停下來了。

箇中理由非常明顯，就是模式沒有改變。

不管是開發或業務部門，除了製作樣品之外，都還有其他工作。特別是開發部門，不但要應付不同的客戶，還要負責新產品開發和基礎研究的工作，因此在對應客戶的需求時，會出現力不從心的狀況。從組織的命令系統來說，因為業務和開發分屬不同部門，業務無法決定開發的優先順序或作業順序。改革活動至此浮現了新的限制。

從實踐中得到回饋的企劃室不斷進行討論，尋求改變模式的新策略，最終提出的策略就是，導入由營業部門提供開發預算的機制。

也就是，在業務與開發部門之間打造一個「市場」，根據樣品製作的速度、由業務部門支付費用給開發部門中負責製作樣品的團隊。在原本只根據指揮命令系統來運作的組織管理結構中，置入市場原理所帶來的緊張感。這個點子來自日本知名企業家稻盛和夫所提倡的「變形蟲經營法」（Amoeba operating）——將公司各部門畫分成人數更少的小單位，盈虧個別管理，以提高員工的經營和參與的意識。

透過這個方式，曾經一時停滯下來的改革行動，再度回到軌道上。證明了只要改變模式就能夠徹底解決問題。

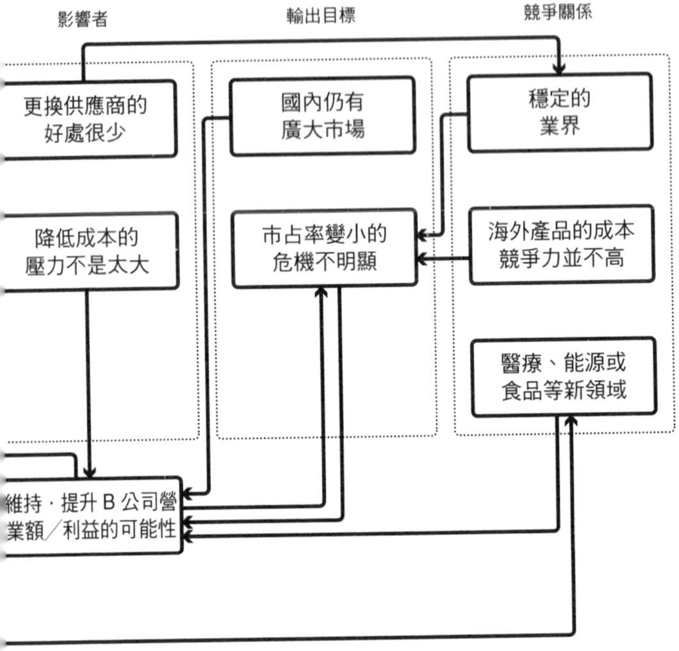
影響者
輸出目標
競爭關係
更換供應商的
好處很少
國內仍有
廣大市場
穩定的
業界
降低成本的
壓力不是太大
市占率變小的
危機不明顯
海外產品的成本
競爭力並不高
醫療、能源或
食品等新領域
維持・提升B公司營
業額／利益的可能性

圖表6-1｜提升B公司營業額・利益的模式

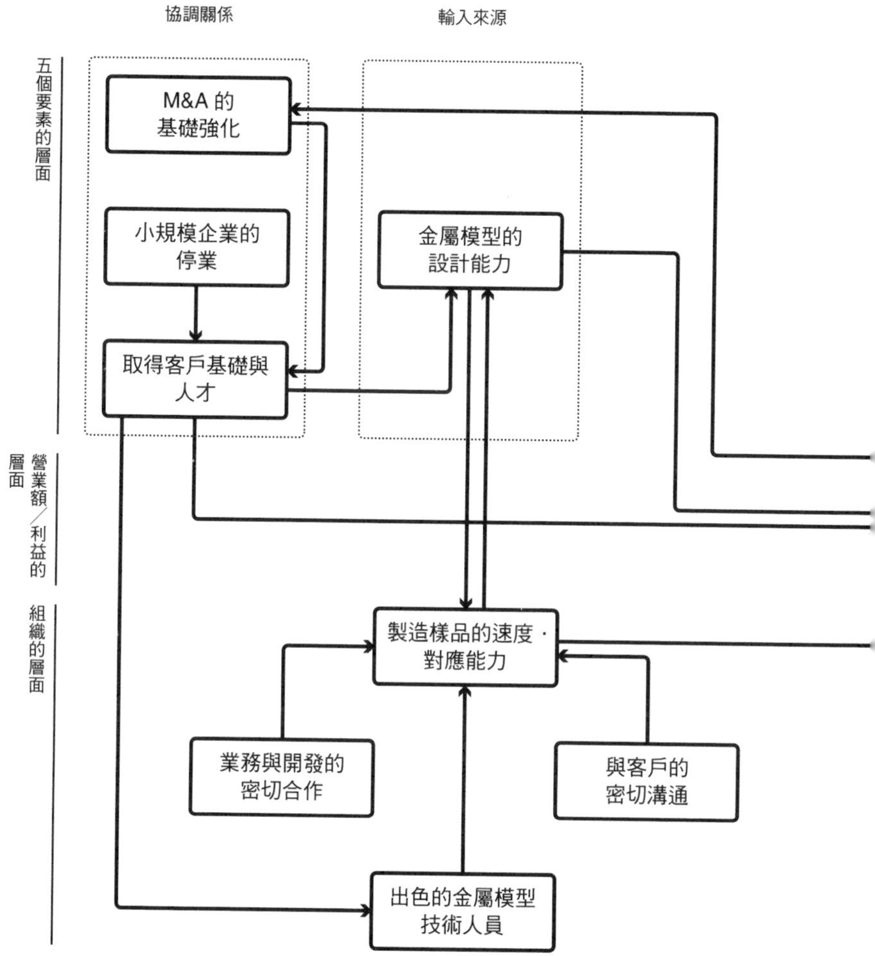

CHAPTER 7

學會本質思考的自我訓練法

——每天不斷累積，就可以提高思考的速度和精確度

ESSENTIAL THINKING

ESSENTIAL THINKING

7-1

鍛鍊本質思考的訓練

只要有一點點時間和意願，任何人、隨時都可進行

本質思考，指的就是以事物的模式和物力論來思考，不被現象或資訊迷惑，將所有事物抽象化，不依賴資訊，只靠大腦的思考方式。反過來說，培養這種思考能力，靠的不是蒐集資訊或累積知識，重要的是增加思考的切入點，以及思考時派得上用場的推論方式。

所以不管何時，只要有一點點空檔和思考的意願，就可以進行自我訓練。

【為了鍛鍊本質思考的能力，平常可以進行的六種訓練】

- 從報紙和雜誌報導的標題進行聯想
- 增加「思考的原型」
- 讓思考「視覺化」
- 讓別人聽聽自己的論點
- 磨練歷史觀
- 思考沒有答案的問題

ESSENTIAL THINKING

7-2 從報紙和雜誌報導的標題進行聯想

不看報導，試著推測內容

試著從報紙和雜誌的標題，想像那篇報導的內容和結構，這是每天早上只要花五分鐘就可以完成的快速訓練法。

比方說，有篇報導的標題是Ａ公司達到最高收益，在閱讀那篇報導之前，不妨先試著自己思考，以大框架掌握模式和物力論，想像報導的故事。

首先，在建構模式時，結合五個要素和不同層面的發想，思考下列問題：「為什麼會達到最高收益？」「從輸入到輸出，有怎麼樣的因果關係？」「處於怎麼樣的競爭環境？和誰如何合作？」試著思考A公司可以打造出最高利益的模式為何。

然後，再探究其物力論。比方說「這種狀況會持續嗎？」「十年後或二十年後，會變成什麼樣子？」「如果以現在為出發點，繼續下去，有沒有辦法改寫最高收益？」盡量將思考的脈絡延伸到故事的終點。想想看，十年後，同樣是A公司的報導，標題中會出現什麼樣的字眼，即使是自己的想像也無妨。

然後，再閱讀報紙的報導，和自己構思的故事互相比較一下。此時重要的是報導中寫的事情，和自己想的是否一致。如果報導中寫的比自己猜測的還要多，只要反省自己漏掉的環節，並且學習那個觀點就好。

如果你可以找到比實際的報導更深、更廣的本質，就代表你的思考力已經提升，學會了不依賴資訊的思考方式。

ESSENTIAL THINKING

7-3 增加「思考的原型」

增加模式的原型，鍛鍊類推能力

建構模式時，「類推」會發揮極大功能。所謂的類推，指的是運用之前從經驗中學習到或思考過的事，面對眼前問題。想到好的類比方式，就能瞬間理解現況，對正在思考的事，會有一種豁然開朗的感覺。

因此，努力增加類比時派得上用場的思考原型，就很有用。大腦中的思考原型愈多，就愈有辦法從各種角度來建構模式，接近事物本質的可能性就愈高。

下列模式原型，就很建議大家記起來，在類推時說不定能用得上。

①因快速成長而破產的模式

某家國外航空公司，因為快速成長而導致破產，這個實例就是思考時很值得參考的原型。

雖然和競爭對手的價格競爭日益激烈也是原因之一，但是破產的真正原因在於公司內部，也就是以下的惡性循環：「提供優質的服務，並以低價策略投入競爭中」→「顧客急速增加」→「員工招募規模擴大，新人比例變高」→「服務品質低落」→「失去顧客」→「營業額減少」→「固定費用的支出變高」→「收益急速惡化」→「價格競爭力下降」→「低落的服務品質，較高的價格」→「失去顧客」。

這可以說是快速成長引起惡性循環的最典型物力論（**圖表7-1**）。我過去服務的星巴克進軍日本之後，在分店從兩百家成長為五百家時，也面臨過同樣的問題。因為快速開設分店，所以在選擇開店地點時犯下錯誤，在沒有什麼吸引力的地方展店，員工的招募和教育訓練也跟不上，一時之間，店鋪的運作品質下降，對品牌造成了傷害。

後來，星巴克控制開店速度，收掉不賺錢的分店，才成功脫離惡性循環。

②良性循環塑造出的成長模式

相反的，也有「良性循環塑造出的成長模式」。臉書和LINE就是典型的例子，因為它們有網路外部性（Network externality）的特質，也就是說，使用者愈多，方便性愈高，因此本身的價值也就會跟著上升。

「順時針方向」的時鐘，也是來自於這種網路外部性。過去，時鐘有分現在稱為「順時針方向」的時鐘，和往相反方向旋轉的「逆時針方向」時鐘兩種，但是，因為習慣順時針方向的人比較多，大家都使用這種時鐘。所以，製造商只生產

圖表7-1｜某家破產航空公司的實例

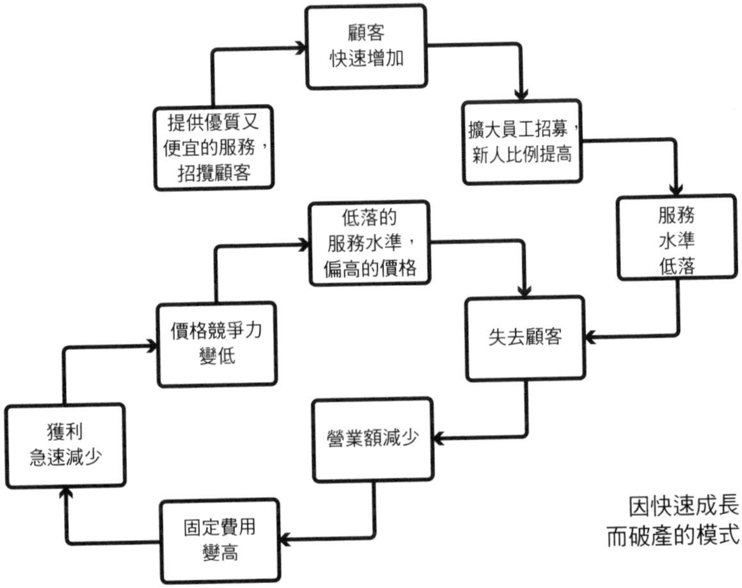

順時針方向的時鐘，也是理所當然的結果。

③減法的差別化模式

這種模式會去除「真正有價值的東西以外的東西」，或「會妨礙價值的東西」，藉以提高價值的訴求力。

例如，Dyson就拿掉了會降低吸力的濾網，以離心力的原理，設計出吸力不會減弱的吸塵器。CD和DVD播放器則是拿掉了唱盤的唱針、影帶的磁頭等接觸式的讀取零件，解決了產品用久會老化的問題，也成功的提高了播放器的附加價值。

④跳脫零和遊戲的模式

沖繩美軍基地的問題，就是零和遊戲——若要減輕沖繩的負擔，就必須增加其他縣的負擔。美軍基地遷移與否，如果只考慮「換地點」的層面，就會變成零和遊戲，難以徹底解決。

如果沒有改變結構（跳脫零和遊戲），回到日美分擔安全保障任務的方式來討論，同樣的問題就會不斷發生。

此外還有各式各樣的類推案例。在每天發生的事情中，如果可以掌握較多現象背後的模式和物力論的思考訣竅，也就是思考的原型，就能夠提升本質思考力（**圖表7-2**）。

增加讓談話更有趣的話題

除了典型的模式原型，若能增加可以引起別人興趣的話題，也有助於學會本質思考。因為會讓人覺得有趣的情況，多半就是接近本質。

在工作中，若碰到有趣的例子，不

圖表7-2｜累積「思考的原型」

因為快速成長而破產的模式	• 國外航空公司（使用者急速增加，但服務品質低落，失去顧客） • DoCoMo（因為智慧型手機使用者增加，造成通話品質下降，陷入失去顧客的危機） • 星巴克（因為增加分店造成服務品質下降，品牌受到傷害）
良性循環造成的成長模式（網路的外部性）	• 臉書 • Google • Apple（iTune）
減法的差別化模式	• 快時尚（款式多、量少，因此少了庫存） • Dyson吸塵器（去除會讓吸力減弱的濾網） • CD（去除唱盤的唱針、磁帶的磁頭等接觸） • 傳說中的墨俣一夜城（省去在工地現場製作建材的步驟）
跳脫零和遊戲	• 沖繩基地的問題（不管遷移到哪裡，負擔都會轉移到遷移地） • 歐元危機造成的日幣升值（資金集中到相對來說較安全的貨幣）

妨記下來，有機會再跟別人介紹。

最近，我負責一個是否要把大型農業機具賣到某新興國家的調查計劃。從結論來說，那是個很難做成的生意，因為我們發現那個國家的農業結構非常有趣，而這個事實也足以證明我們的結論。

第一個原因，是那個國家的土質鬆軟，排水效果也很糟糕，農地非常泥濘，因此大型的農業機具會往下沉，完全派不上用場。而且，該國相當貧窮，沒有能力改良排水狀況。此外，還有很多農地都位於斜坡，也不適合使用大型農業機具。

而且，每一塊農地的面積都很小。因為該國是一個回教國家，將遺產平均分給子孫的習俗根深蒂固，所以每經過一個世代，農地就會被分割一次，變得愈來愈小。這也非常不適合導入大型農業機具。

此外，還有人力的問題。在那個國家，每一個村子的居民都會互助合作，在農忙時期一起進行農田裡的工作。如果改以機具來執行，那些人就會沒了工作，說不定區域社會的秩序，也會跟著崩壞。

從「土地」和「勞動力」等輸入來源、「國家」和「宗教」等影響者，以及協力者「村莊」的角度來看，要引入大型農業機具，真的非常困難。

如果大腦的抽屜裡，裝了這種有趣的例子，便可以用來類推，作為發想時的線索。

類似的狀況也可能發生在先進國家，活用這個例子中關於人手問題的類比，應該就能理解，不用ＩＴ技術，將查看電表或瓦斯表的工作智慧化的理由之一，就是因為這麼做可能會造成失業問題。

7-4 將思考「視覺化」

從不夠完善的模式開始「視覺化」

在CHAPTER 3的〈建構模式〉中已稍微提到，將思考「視覺化」，有助提升本質思考的能力。

思考的時候，就算自認已經非常謹慎，但把它寫下來之後，出人意料的常會發現不合邏輯之處、或有所遺漏。

特別是模式和物力論，比較屬於概念式、圖像式的東西，光憑言語的表達，難以全盤掌握。因此，最好可以寫在紙上，將它們視覺化。

一開始不夠完善也沒關係，只要看著紙上的模式，確認自己的思考是否有所缺失，再慢慢讓模式更加深入。就像學打高爾夫球時，很多人都會把自己揮桿的動作錄下來，再看影片確認並修正自己的動作。

用批判的角度檢視模式

不過，這個時候很重要的一點是，要以批判的角度審視自己建構出來的模式和物力論。為了「確認思考」所做的視覺化，和為了「以批判的角度來審視思考、讓思考更加深入」所做的視覺化，有著天壤之別。

只是為了確認而做的視覺化，不會創造出任何新的東西，常被稱為「證據偏頗」，意指只選擇可以證明自己的成見、對自己有利的資訊或想法，只會更進一步加深成見。因此，要經常提醒自己追尋「究竟……？」的態度。

白板是本質思考的強力武器

進行思考的視覺化時，白板是非常方便的工具，在不斷思考、反覆摸索時非常好用。建議各位可以進入任何一間會議室，一個人站在白板前思考。

以我個人的經驗來說，比起坐著在紙上描繪，站在白板前，一邊踱步一邊思考，大腦較能靈活運轉。

再加上，模式雖然可以畫在筆記本或紙張上，但我還是建議最好畫在像白板那麼大的平面上。因為，我們很少一開始就了解模式的全貌，大多時候都是慢慢摸索，才能逐漸掌握模式的整體樣貌。因此，可描繪面積遠遠大過筆記本的白板，才是比較合適的工具。而且，很輕易就可以擦掉，也可以很多人一起作業，這些都是我推薦白板的原因。

在我工作的羅蘭貝格管理諮詢公司，辦公室中到處都有白板，只要有紀錄的工具（例如智慧型手機中的相機），就可以保存書寫的內容。建構模式時，可以設定自己的規則，例如用方形代表事實，用圓形代表假設，以箭頭代表因果關係，重要關鍵則標上星型記號……一邊使用各種圖形，一邊試著整理思緒。

不斷進行視覺化，將模式和物力論重新寫過，可以有效提升思考的靈活度和精確度。這是讓右腦變得更加靈活的良好訓練。

ESSENTIAL THINKING

7-5 讓別人聽聽自己的論點

和其他想法比賽，藉以提昇技巧

如果把思考的視覺化比喻成錄下高爾夫的揮桿動作來進行確認，接下來，就要實際前往高爾夫球場，開始磨練擊球能力了。

本質思考也一樣，必須在商業或日常生活等各式各樣的場合中實際使用之後，才能真正變成屬於你的能力。

也就是說，將自己思考出的「理論」，告訴朋友、家人，或是公司同事等身邊的人，聽聽對方的反應，或者試著和他們討論。如果是時事相關議題，每個人多少都會關心，各有不同的看法。

針對這樣的主題，提出它的結構和解決問題的方向，試著和意見不同的人進行討論。

這種做法會產生以下幾個效果：第一個是編造故事的訓練。模式和物力論可以用循環圖或樣式圖等「圖畫」來表現，有時候用「語言」反而很難表達出你的思考脈絡，導致聽的人無法理解。因此，說給別人聽，可說是「畫」→「言語」的轉換訓練。

第二個效果則是透過對方的贊成、反對，或者提問，讓自己的理論更加進化、深化。若對方也是個懂得本質思考的人，你就愈能夠從中得到收穫。

試著請他人聆聽自己的論點，可以讓你的本質思考，從單純的紙上談兵，進化成實際可運用的執行對策。而且，它也是檢查自己的想法有多穩固最簡單的方法。

只有一點需要注意。如果太過頻繁地找人辯論，有可能會引起反感，遭到周圍的人疏遠，切記，凡事都要適可而止！

ESSENTIAL THINKING

7-6 磨練歷史觀

根源性驅動力運作出來的歷史

雖然看似沒有直接關連，但說得誇張一點，培養「歷史觀」對強化本質思考，也很有幫助。我認為，磨練歷史觀可以強化本質思考的整體能力。

歷史，對於培育思考根源性驅動力、提升可拓展思考範圍的能力，有非常大的幫助。沒有任何現象或事物像歷史般浩瀚，而且就是根據根源性的驅動力量在運作著。

一如COLUMN8中所述，在國家權力平衡的移動中，有人口、資源和技術等根源性驅動力量在強力運作著。除此之外，我們也可以從歷史學到各式各樣的發想切入點。

比方說，領土的大小（空間）和國家的壽命（時間軸）的關聯性，就是很有趣的切入點。歷史上的羅馬帝國或大英帝國，都無力抵抗分裂和衰退的趨勢。各種事件在人口和資源之外的層面中互相影響，造成巨大的歷史浪潮，權傾一時的龐大帝國也隨之衰敗。讓自己的想像在這些事件當中盡情發揮，不是很好玩嗎？

如果從人口多寡或領土大小這個觀點來看，往後可能成為世界中心的中國和印度，也可能因為領土的廣大，從內部開始出現崩壞。從歷史中學習，你就能做出這樣的預測。

或者，從歷史的角度來掌握國家動態，馬上就可以瞭解，我們無法期待以領土的觀點來解決日本面臨的北方領土和釣魚台等問題。

因為，回顧歷史我們會發現，領土界線（也就是國境）的改變，只會在戰爭、割讓（例如：墨西哥將南部的州賣給美國、美國從俄羅斯手上買下阿拉斯加等）或革命等大型的歷史「相變」中發生。我們也可以發現，若要在短期內有效改變現況，不能在國境的層面來解決，而必須從經濟開發的層面來解決。

如何解決現代社會醫療費增加的問題？

再舉另一個例子。最近日本面臨了醫療費增加的問題，也是一個很有意思的主題。當然，本質性的課題是人類壽命延長許多，大家都想活得健康，醫療費當然就會增加。

由於醫療技術進步，想簡單解決這個問題也只是一個幻想。因為，大家都想要健康、長壽的心情，會讓他們不斷尋求高度醫療，而且無窮無盡（正循環）。

還有老人把上醫院當成每天的例行活動，有些醫院甚至為他們成立了社團。想減少上醫院的老人，也是非常困難的，甚至有句笑話是這麼說的：「今天A先生沒有來醫院，可能是身體不舒服。」

當然，努力降低醫療費用是必須的，但是就問題的本質來說，不能只是減少輸出（醫療費用），還要增加輸入（生產人口），才能維持平衡。

擁有歷史觀，也就是從歷史中學習、進行思考，有助掌握根源性驅動力、拓展視野，並增加提升觀點的能力。

探究模式和物力論時，最好盡量以較長的時間軸和較廣的範圍來思考，因此，磨練歷史觀對強化本質思考的能力非常有用。

ESSENTIAL THINKING

7-7

研究沒有答案的問題

沒有答案的問題，才是最好的老師

最後一個訓練法是研究沒有答案的問題。沒有答案的難題，才是最好的老師。也就是說，試著思考「本質上就很困難」的問題。

例如，不容易得到答案的問題。

或是，不同的人來想，想法就會大相逕庭的課題。

還有，光用邏輯，無法簡單解決的主題。

試著挑戰這樣的「難題」，對提高本質思考的完成度，有相當大的幫助。這樣的難題，不可能光靠著所謂的邏輯樹或架構就簡單解開。

比方說，請試著想像「二〇二五年日本的模樣」，或者，針對「正義」、「文明」、「民生主義」、「資本主義經濟」等主題來思考看看。

社會上的熱門話題，也都是難解的問題，例如「國家財務危機」、「核能發電問題」、「稅制與社會保障的改革」等等，請試著針對這些問題，思考自己的解決方法，選擇贊成或反對的立場，試著建立邏輯。

向經典學習

在嘗試以自己的能力進行思考的同時，閱讀與這些困難主題相關的經典名著也很有幫助。能夠成為經典的「知識」，才是真正的「知識」，它不是單純的方法，或是只適用於那個時代的知識。閱讀經典著作，一定可以讓知識變成自己的血肉。

後記

撰寫本書，比我想像來得困難。

因為這本書並不只是單純說明一些簡單的方法，而是試著針對難以掌握的「本質」來書寫。

不過，我已經竭盡全力，撰寫本書對我自己來說也是很好的回顧和學習。同樣的，如果大家看了這本書，可以透過自己的思考，找到跨越眼前高牆的祕訣，我將感到莫大的喜悅。

本書原本是我和羅蘭貝格管理諮詢公司前合夥人鬼頭孝幸先生共同執筆，在東洋經濟新報社發行的商業雜誌《Think !》中連載的〈本質思考〉專欄。首先，我要向和我一起挑戰這個難題的鬼頭先生，致上謝意。

此外，本書中提到的許多題材，都借自在每天的工作中，和我一起思考、互相討論的諸位顧問的智慧，因此，我也要向羅蘭貝格管理諮詢公司的所有顧問表達誠摯謝意。尤其是，我從米田壽治先生、中野大亮先生、五十嵐雅之先生、貝瀨齊先生、渡部高士先生等多位同事身上，得到各種知識性的刺激，在此要再度致上銘謝之意。

我也因為前往MIT留學、研讀MBA，而從很多人身上學習到許多，特別是博士課程的指導教授早稻田大學的山田英夫老師（商業模式與業界標準／de facto standard的專家）、元山田研究室的同學，一天到晚將「究竟」一詞掛在嘴上的淺倉雅美小姐、在競爭戰略和層次的戰略論領域，足以代表日本的經營學者根來龍之先生（早稻田大學）、使用者創新等行銷領域的國際性研究者小川進老師（神戶大學），我從各位身上學習到諸多智慧，在此由衷感謝。

最後，如果少了從《Think !》時期開始，長期給我各種建議，並且很有耐心地為我進行編輯工作的齋藤宏軌先生，這本書就無法問世了。在此由衷表達我誠摯的感謝。

Roland Berger

羅蘭貝格管理諮詢公司1967年創立於德國慕尼黑，是歐洲最大的全球性戰略顧問公司。在36個國家成立了50個辦公室，擁有約2,400名專業員工。對國內外一流企業，以全球性的觀點，提供戰略設定與實施的支援，在徹底解決高端管理所面臨的問題上，累積了許多漂亮成績，廣受各界好評。在日本，自從1991年成立辦公室以來，重視與客戶的長期信賴關係，並針對製造業、消費財、金融、能源、交通·運輸等領域，提供「有所成果」的顧問服務。

國家圖書館出版品預行編目(CIP)資料

本質思考：MIT菁英這樣找到問題根源,解決困境 / 平井孝志著；吳怡文譯. -- 第一版. --
臺北市：遠見天下文化, 2016.09
面；　公分. -- (工作生活；47)
譯自：本質思考：MIT式課題設定&問題解決
ISBN 978-986-479-082-1(平裝)

1.策略管理 2.思考

494.1　　105016809

工作生活 047A

本質思考

MIT 菁英這樣找到問題根源，解決困境
本質思考 MIT 式課題設定&問題解決

作　者 — 平井孝志
譯　者 — 吳怡文

總編輯 — 吳佩穎
生活館副總監 — 丁希如
責任編輯 — 李依蒔
封面設計 — 江儀玲

出版者 — 遠見天下文化出版股份有限公司
創辦人 — 高希均、王力行
遠見．天下文化 事業群榮譽董事長 — 高希均
遠見．天下文化 事業群董事長 — 王力行
天下文化社長 — 王力行
天下文化總經理 — 鄧瑋羚
國際事務開發部兼版權中心總監 — 潘欣
法律顧問 — 理律法律事務所陳長文律師
著作權顧問 — 魏啟翔律師
社址 — 台北市 104 松江路 93 巷 1 號 2 樓
讀者服務專線 —（02）2662-0012
傳　真 —（02）2662-0007；2662-0009
電子信箱 — cwpc@cwgv.com.tw
直接郵撥帳號 — 1326703-6 號　遠見天下文化出版股份有限公司

電腦排版 — 立全電腦印前排版有限公司
製版廠 — 東豪印刷事業有限公司
印刷廠 — 中原造像股份有限公司
裝訂廠 — 中原造像股份有限公司
登記證 — 局版台業字第 2517 號
總經銷 — 大和書報圖書股份有限公司　電話 — (02)8990-2588
出版日期 — 2016 年 9 月 30 日第一版第 1 次印行
　　　　　2024 年 5 月 17 日第二版第 1 次印行

定價 — NT380元
條碼 — 4713510944639
書號 — BWL047A
天下文化官網 — bookzone.cwgv.com.tw